2021年智库研究项目“构建战略性新兴产业引领的湖北现代产业体系”（项目编号：31522141215）和2021年度中央高校基本科研项目青年教师创新研究项目“碳市场对大气污染和温室气体的协同控制研究：作用机制和政策优化”（项目编号：2722021BZ052）资助出版。

FDI对中国雾霾(PM2.5)污染的影响研究

严雅雪 著

图书在版编目(CIP)数据

FDI对中国雾霾(PM2.5)污染的影响研究/严雅雪著.—武汉:武汉大学出版社,2021.6(2022.4重印)
ISBN 978-7-307-22141-3

Ⅰ.F… Ⅱ.严… Ⅲ.外商直接投资—影响—可吸入颗粒物—研究—中国 Ⅳ.X513

中国版本图书馆CIP数据核字(2021)第028435号

责任编辑:唐 伟 责任校对:李孟潇 版式设计:马 佳

出版发行:**武汉大学出版社** (430072 武昌 珞珈山)
(电子邮箱:cbs22@whu.edu.cn 网址:www.wdp.com.cn)
印刷:武汉邮科印务有限公司
开本:720×1000 1/16 印张:11.75 字数:190千字 插页:1
版次:2021年6月第1版 2022年4月第2次印刷
ISBN 978-7-307-22141-3 定价:39.00元

前　　言

自20世纪80年代以来，随着经济全球化的逐步深入，外商直接投资(以下简称FDI)开始蓬勃发展，成为世界经济增长的“新发动机”，特别是流向发展中国家的FDI保持了持续增长态势，极大地促进了全球资源的优化配置，对各国经济增长产生了深刻的影响。与此同时，FDI与生态环境问题也引起政界和学界的广泛关注和深入探究。一方面，有的学者(Goldenman，1999；Vogel，2000；盛斌，2012；刘舜佳，2016)认为发达国家通过非物化型的知识溢出效应抵消其规模效应和结构效应带来的环境污染。另一方面，有的学者(Cole，2004；Mani，1995)认为FDI作为“一揽子”要素(如资本、自然资源、技术、劳动力等)转移的媒介会导致全球性的环境污染。对中国而言，FDI增强了中国经济与世界经济的联动性，使中国一跃成为世界上利用外资最多的发展中国家。FDI为中国实现经济增长、促进就业和扩大对外贸易作出了重要贡献，但因其具有“一揽子”要素转移的特征，使中国在满足国内发展需求、获得经济快速增长的同时，资源承载能力和生态环境压力不断加大，FDI与生态环境的关系，是当前最具争议性的问题之一。

近年来，中国经济快速发展，环境污染日趋严重，特别是近年来以雾霾为代表的大气污染，持续时间长，影响范围广，其污染面积达270万平方公里，涉及17个省市自治区，影响人口达到6亿人(林伯强，2015)。生态环境问题也成为影响各国之间经济关系的重要因素，并且政治色彩日益浓厚。中国政府高度重视环境问题，早在1983年就将环境保护确定为中国的基本国策，时任国务院副总理的李鹏同志代表国务院宣布：“保护环境是我国现代化建设中的一项战略任务，是一项基本国策。”2018年5月习近平总书记在全国生态环境保护大会上提出“加大力度推进生态文明建设、解决生态环境问题，坚决打好污染防治攻坚战，推动我国生态文明建设迈上新台阶。”中国一直致力于改变环境污染的现状，就经济成本看，SO_2排放每年导致的就业损失超过 250 万人，经济损失年平均在 540 亿元左右，且成本逐年上升(张华，2019)。另有数据显示，现阶段人类排放到大气中的颗粒物多达 1 亿吨/年，恶化的空气质量直接危害城市居民的身体健康，据世界卫生组织公布，目前全世界约有 16 亿人口正在遭受城市大气污染的影响(陈煜，刘永贵和邓小乐，2019)。为更好地满足推动我国经济高质量发展的要求，就亟需调整相应的外资政策和提高利用外资的环境效率。因此，重新审视评价 FDI 与中国生态环境的关系，加强 FDI 环境效应的评估工作，分析 FDI 对中国雾霾(PM2.5)污染的影响刻不容缓。鉴于此，本书研究工作主要体现在以下几个方面：

本书首先研究 FDI 对中国雾霾(PM2.5)污染的影响。采用探索性空间数据分析法检验中国雾霾(PM2.5)污染的空间溢出效应和 FDI 的辐射效应，然后构建了经济地理嵌套权重矩阵和经济地理权重矩阵结合静态和动态空间面板模型，分析了 FDI 存量和流量对中国雾霾(PM2.5)污染的影响。分析结果表明中国雾霾(PM2.5)污染和 FDI 存量和流量分别存在显著的空间依赖性，结果表明 FDI 是加剧中国雾霾(PM2.5)污染的重要因素。

其次，研究 FDI 对中国区域雾霾(PM2.5)污染的影响。考虑到国家层面的 FDI 环境效应反映的是国家整体平均水平和总体状况，而整体的评价反映不了区域间的非典型特征，故有必要对东、中、西部地区的 FDI 对雾霾(PM2.5)污染的影响进行检验，来分析比较 FDI 对中国不同地区的雾霾(PM2.5)影响程度。因此，本书采用动态空间面板模型结合系统广义矩估计(SGMM)方法，将中国 241 个城市分成东、中、西部地区样本进行回归分析，从区域的角度分析 FDI 对中国东、中、西部地区的雾霾(PM2.5)污染影响的异质性。分析结果表明，FDI 是加剧东、中部地区雾霾(PM2.5)污染的重要因素，但不是西部地区雾霾(PM2.5)污染的重要影响因素。

再次，研究在经济发展水平和研发投入水平的不同阶段下，FDI 对中国雾霾(PM2.5)污染的影响。考虑到 FDI 可能在不同的发展阶段存在“异质性”，本书采用门槛效应模型对 FDI 与中国雾霾(PM2.5)污染的非线性关系进行了分析，以弥补 FDI 对中国雾霾(PM2.5)污染的线性影响研究方面的不足。将经济增长和研发投入作为门槛变量，将 FDI 区分为不同的发展阶段，以期发现 FDI 的不同发展阶段对中国雾霾(PM2.5)污染影响的异质性和趋同性。分析结果表明，在不同的门槛变量条件下，FDI 对中国雾霾(PM2.5)污染产生显著的增促效应。以人均收入为门槛变量时，越过门槛值后 FDI 对中国雾霾(PM2.5)污染贡献度减弱，开始呈现下降趋势。以研发投入为门槛变量时，越过门槛值后 FDI 对中国雾霾(PM2.5)污染贡献度减弱，也出现下降趋势。结论表明了不同的门槛变量对 FDI 与中国雾霾(PM2.5)污染的影响不同，同时揭示出经济增长和研发投入越过门槛值后降低了 FDI 对中国雾霾(PM2.5)污染的负面影响。

最后，在深入研究 FDI 对中国雾霾(PM2.5)污染影响的实证基础上，分别从国家和区域层面提出提高 FDI 质量和降低中国雾霾(PM2.5)污染的政策建议：如施行严格的环境政策和可持续发展的外资产业政策；提高中西部地区的环境准入标准；引导地方政府转变观念等。

目　录

第1章　导　　论

1.1　问题的提出

1.1.1　研究的背景

FDI出现至今仅有150年左右的历史，自20世纪50年代末、60年代初以来呈现迅猛发展之势。20世纪80年代以来，世界市场的开放度、自由度伴随着全球经济一体化的不断加深，提升到了前所未有的程度，特别是FDI极大地促进了全球资源的优化配置，使跨国公司迅速扩张。全球外商直接投资总额已经从1994年的252万亿美元增长到2019年的1321万亿美元，促进了世界经济的持续稳步发展。伴随着改革开放的步伐，中国全方位地融入了经济全球化的浪潮，并一跃成为世界上利用外资最多的发展中国家。据统计，1995—2018年，中国累计接受实际外商直接投资总额约20555.98亿美元，在华投资的外资企业已有81万家，涉及100多个国家，全球500强跨国企业有480家在中国投资。此外，FDI通过非物化型知识溢出效应，使跨国公司的技术、知识、管理、观念、人才等方面扩散、渗透到中国经济的方方面面，有力地促进了中国经济快速发展。同时，随着经济的快速增长，城市化进程的加快，以城市为中心的环境污染也随之加剧，除了水土流失、淡水资源短缺、湖泊湿地退化、生物多样性锐减等问题外，更严重的是全国大气污染物排放量巨大，远超环境承载能力，尤为突出的是以雾霾为代表的大气污染，具有影响范围广、污染面积广、持续时间长等特点。

因此，FDI与生态环境之间的关系引起政界和学界的广泛关注和深入探究。一方面，有的学者(Goldenman，1999；Vogel，2000；彭红枫和华雨，2018；刘媛媛，2020）认为FDI的技术溢出效应改善了东道国的环境质量，抵消了其规模效应和结构效应给东道国环境带来的危害。另一方面，有的学者（Cole，2004；Mani，1995；柯瑞，2020；龚梦琪和刘海云，2020）认为FDI作为"一揽子"要素转移的媒介导致了全球性的环境污染。如伴随着FDI迅速增长，中国经济快速发展，环境污染日趋严重，2018年全国338个地级及以上城市中，城市环境空气质量超标比重为64.2%，平均超标天数达20.7%，其中首要污染物为PM2.5和PM10等（文泽宙和熊磊，2020）。特别是近年来以雾霾为代表的空气污染，持续时间长，影响范围广，其污染面积达270万平方公里，涉及17个省市自治区，影响人口达到6亿人（林伯强，2015）。数据显示，2017年京津冀、长三角、珠三角等重点区域PM2.5平均浓度比2013年分别下降39.6%、34.3%、27.7%。北京市PM2.5的年平均浓度已经从2013年的89.5 $\mu g/m^3$ 降至58 $\mu g/m^3$。全国74个重点城市空气质量优良天数比例为73.4%，比2013年上升了7.4个百分点，重污染天数比2013年减少了51.8%。虽然我国雾霾治理已经取得了明显成效，但当前国内的PM2.5浓度水平仍明显高于2005年《空气质量准则》规定的年均浓度10 $\mu g/m^3$ 的上限水平（张玉和赵玉，2020）。因此，FDI与生态环境的关系，是当前最具争议性的问题之一。只有科学地认清结构调整与污染的关系，把握污染变化趋势，尊重客观规律，才能促进经济结构朝着有利于改善雾霾污染的方向演进，最终达到经济发展与环境保护的协调和统一（张玉和赵玉，2020）。为全方位、多角度适应资源节约型与环境友好型社会构建的要求，需要政府调整相应的外资政策来提高外资利用的环境效率。因此，重新审视、评价FDI与中国生态环境的关系，强调对FDI环境效应的评估，分析FDI对中国雾霾（PM2.5）污染的影响刻不容缓。

1.1.2 研究的意义

2019年的中央经济工作会议提出，我国经济运行主要矛盾仍然是供给侧结构性的，必须坚持以供给侧结构性改革为主线不动摇。这对外资引进和利用提出了新要求，当下中国外资引进已经进入了一个新阶段，强化对FDI环境效应的测评、有效引导和监管FDI产业和要求跨国企业在东道国承担更多的社会责任已是当务之急。因此，研究分析FDI与中国环境污染尤其是中国雾霾（PM2.5）污染之间的关系为评估 FDI 质量和“治霾”政策提供了科学依据。

其次，2020 年 5 月 14 日召开的中共中央政治局常务委员会会议首次提出“构建国内国际双循环相互促进的新发展格局”，同时结合我国供给侧结构性改革的不断深化以及在后疫情时代背景下出现的新的经济形势的现实状况，对 FDI 提出了新的要求，强化对 FDI 的环境效应测评，引导 FDI 流入金融、科技、服务业等产业，继续推动我国的供给侧结构性改革不断深化是今后发展的重中之重。

同时，雾霾治理问题是关系国计民生的大事。2018 年 6 月 16 日中共中央国务院发布《关于全面加强生态环境保护坚决打好污染防治攻坚战的意见》，要求到 2020 年全国细颗粒物(PM2.5)未达标地级及以上城市浓度比 2015 年下降 18%以上，地级及以上城市空气质量优良天数比率达到 80%以上；二氧化硫、氮氧化物排放量比 2015 年减少 15%以上。

FDI 在中国经济发展中的作用如同一把“双刃剑”，加强协调 FDI 与中国雾霾(PM2.5)污染之间的关系成为各级政府面临的现实而严峻的问题，只有“引资”和“治霾”的双赢才能贯彻落实绿色发展、科学发展的方针，高质量推进资源生态环境治理体系建设和经济发展。

在现阶段，外商直接投资仍是推动中国经济发展的重要“引擎”，那么，FDI 的持续流入是否加剧了中国雾霾(PM2.5)污染？如何协调“引资”和“治霾”的关系？这些都是理论和实践上重要的研究课题。因此，准确分析雾霾库兹涅茨曲线，FDI 对中国雾霾(PM2.5)污染影响的方向和程度、空间依赖性和异质性，以及不同来源地的 FDI 对中国雾霾(PM2.5)污染影响的异质性和门槛效应，为制定 FDI 质量评价体系、差异化的区域政策和 FDI 来源地政策提供了科学依据。采用科学的研究方法进行定量分析，并以此为基础提供政策建议，具有重大的理论和现实意义。

1.2 文献综述

国内外关于 FDI 环境效应的研究起步较早，内容比较丰富，结合本书的实证分析，从五个角度进行梳理分析已有文献：分别为环境库兹涅茨曲线假说、基于不同观点的FDI环境效应的相关研究、基于FDI区域分布的相关研究、不同来源地FDI对环境影响的相关研究、FDI对环境影响门槛效应的相关研究。

1.2.1　环境库兹涅茨曲线

对FDI环境效应的研究是在对经济与环境之间的关系研究的基础上展开的。早在1798年，英国古典经济学家Malthus在《人口论》中提出，人口增长对资源产生的压力将导致贫困、死亡、苦难、战争和环境恶化。之后，Ricardo(1817)提出资源相对稀缺论，认为解决相对稀缺问题的关键在于降低欲望的膨胀速度，提高精神文明程度，在这种思路下，人类可以通过自我克制能力的提升而实现社会生态的良性发展。Mill(1848)在《政治经济学原理》中提出一个国家的自然环境、人口和经济发展三者需要保持一个静止而稳定的水平状态，即稳态经济状态。

第二次世界大战后，人们对传统粗放型的经济发展模式进行了反思和批判。1955年，美国经济学家Simon Kuznets提出了著名的库兹涅茨收入分配曲线，认为经济发展与社会各阶层收入差距之间呈现倒U形曲线关系。即在经济发展初期，社会各阶层的收入差距会逐渐扩大，但当经济发展水平到达临界点时，收入差距会逐渐缩小，即收入差距随着经济发展呈现出先增长后下降的倒U形曲线变化，该曲线命名为库兹涅茨曲线。从19世纪中期开始，欧美学者开始探寻如何利用市场配置手段高效的解决环境问题。如Pigou(1950)提出"谁污染谁付费"的原则，提出政府可以向污染排放者征税或收费，从而解决环境污染的外部性问题，这种税被命名为"庇古税"。经济学家Coase(1960)提出在市场交易成本为零时，市场交易可以达到最优的资源配置。只要明确产权界定，就可以解决经济行为主体的外部性问题，即"科斯定理"。Crocker(1966)将科斯定理用于对空气污染控制的研究，证实了理论具有实效。Dales于1968年首次提出了排污权交易的概念，主张政府可以出售一定的排污配额给企业，然后企业可以根据需要到交易市场上向持有污染排放权的企业进行购买或者出售。美国经济学家Boulding于1968年正式提出了"生态经济学"的概念，这是"循环经济"和"经济—社会—自然"协调发展理念的雏形。Forrester在1971年在《世界动态学》、Meadows在1972年《增长的极限》中提出世界人口、工业资本和环境恶化将呈指数级增长，如果继续任其发展，自然资源的限制将使发展达到极限，并最终停止。在1995年，

Grossman 和 Krueger 发现一个国家的收入水平和环境污染之间也存在库兹涅茨倒 U 形曲线关系，即当收入水平较低时，环境污染较为严重，但当收入水平到达某一临界值后，环境污染水平就开始下降，这种发展曲线被称为环境库兹涅茨曲线。

本书从曲线形状的角度进行文献梳理。国内外关于环境库兹涅茨曲线形状的研究结果可分为三类：第一类为呈现倒 U 形的曲线关系，第二类为线性的正相关或负相关；第三类为其他形状。

第一类研究中 Grossman 和 Krueger(1991)最先提出环境库兹涅茨曲线，利用 42 个国家的 SO_2 和细小颗粒物的面板数据，通过 GLS 方法证实了人均 GDP 和 SO_2 存在倒 U 形曲线关系。还有较多学者采用跨国面板数据考察经济增长与传统污染物之间的关系时，认为经济增长与环境恶化之间存在倒 U 形曲线关系。结果证明了虽然从长期来看排放物会下降，但是在短期内会上升(Selden and Song，1994；Cowan et al.，2013；Du et al.，2014；Adejumo Oluwabunmi Opeyemi，2020)。以中国为样本的研究也不少见(SONG，2008；吴玉萍，2002；Auffhammer and Carson，2008；Kasman and Duman，2015；李鹏涛，2017)，如 SONG(2008)采用中国省份数据证实了中国经济增长与固体垃圾、废气、废水均存在倒 U 形曲线关系，而且水污染的拐点比气体污染和固体污染更早出现。还有不少国内外学者发现区域环境库兹涅茨曲线存在异质性(刘华军、闫庆悦，2011；周璇、孙慧，2013；张轩瑜，宋晓军和虞吉海，2020)，如仲云云(2018)认为我国东部及中部地区存在碳排放库兹涅茨曲线而且呈现传统的倒 U 形，但西部地区呈现正 U 形。丁俊菘、邓宇洋和汪青(2020)发现中国雾霾污染的环境库兹涅茨曲线存在明显的区域差异，北部沿海、东部沿海和南部沿海为“N 形”，黄河中游、长江中游为“倒 N 形”，西南和东北地区是“倒 U 形”。

第二类研究则认为经济发展水平与环境质量之间存在线性关系，较多学者发现经济增长与碳排放之间呈现正相关关系(Holtz-Eakin 和 Selden，1995；Thomas，2009；Ferda，2009；刘玉凤和高良谋，2019)，国内学者郑长德、刘帅(2011)的研究结果发现中国的碳排放存在集聚效应，而且各省人均 GDP 与碳排放量之间呈正相关关系。还有学者发现经济增长与不同环境污染物之间存在不同的曲线关系，如 Fodha 和 Zaghdoud(2010)通过协整的方法，利用 1961—2004 年突尼斯的面板数据，发现经济增长与SO_2排放量之间存在倒U形曲线关系，但是与碳排放量之间存在单调递增的曲线关系。Arouri等(2012)通过协整和单位根检验，利用12个中东国家1981—2005年的面板数据，发现研究结论并不支持EKC假说，结果表明了中东国家的经济增长有利于碳排放量的减少，能源消费量增加了碳排放量。还有部分学者认为经济增长与碳排放之间呈现负相关关系(Abdulai and Ramcke，2009；Nasir and Rehman，2011；Jaunky，2011；Saboori et al.，2011；Alkhathlan and Javid，2013；Boopen and Vinesh，2011；Shahbaz，2011；Ahmed and long，2012；Chandrana and Tang，2013；张翠菊和张宗益，2017)。还有学者证实了不同的国家之间环境库兹涅茨曲线存在异质性，如Ahmet(2011)通过固定效应模型和工具变量回归的方法分析了213个国家的经济增长与环境压力之间的关系，结果并不支持经典的EKC假说，而且经济增长对环境的影响在中等收入国家中最大。Ahmed和Long(2012)分析了巴基斯坦的经济增长和碳排放数据，发现经济增长与碳排放量之间存在单调递减的关系；Lin和Chee(2014)检验了马来西亚的EKC曲线假说，在研究样本期间，1970—2008年经济增长与碳排放量存在负相关关系。杨子晖、陈里璇和罗彤(2019)的研究发现中国各省市的碳边际减排成本存在异质性，而且经济成本与碳排放强度之间呈现负相关性。

第三类是其他形状，包括N形、U形和J形等。有的学者认为经济增长与碳排放和雾霾(PM2.5)之间存在N形关系，如Birgit Friedl和Michael Getzner(2003)通过面板协整模型检验的方法证实了澳大利亚的经济增长与碳排放之间存在N形库兹涅茨曲线关系。国内学者何枫、马栋栋(2015)利用Tobit模型分析了工业化对中国雾霾(PM2.5)污染的影响，提出中国雾霾(PM2.5)污染与经济增长之间呈现N形曲线关系。王向前和夏丹(2018)运用动态面板数据模型探讨了经济增长和FDI对碳排放的影响，提出我国城市碳排放不遵循传统的EKC曲线理论，而是呈现出一种倒N形。刘渝琳、郑效晨和王鹏利用Moran I指数对我国FDI与工业污染排放物的空间相关性进行了分析，证明了环境污染程度与FDI之间呈N形发展关系，并且我国环境污染治理已出现“越治理越严重”的趋势。而有的学者发现经济增长与PM2.5浓度之间存在U形曲线关系，如国内学者邵帅、李欣(2016)采用省级面板数据，利用空间面板模型的系统结合广义矩估计方法对中国雾霾(PM2.5)污染的经济动因进行了识别，发现经济增长与雾霾均存在显著的U形曲线关系。张轩瑜、宋晓军和虞吉海采用省级面板数据，运用动态空间面板数据模型分析发现M2.5的环境库兹涅茨曲线在省级基础上表现为倒U形，即随着初期经济水平的发展，大气污染会不断增加，在经济发展到一定水平后，大气污染开始降低。另外，有的学者认为，经济增长与污染物之间存在门槛效应，林基(2014)提出环境库兹涅茨假说成立的前提是生态系统不存在生态门槛值，但从现实的角度来看，如果不控制污染物的排放，使其存量超过生态门槛值时，那么生态系统可能会丧失自净能力，无法自我恢复。当经济进一步以牺牲自然资源的方式发展时将导致环境质量的进一步恶化，曲线发展趋势将与经济增长长期保持正相关关系，不再出现转折点。关于碳排放库兹涅茨曲线的转折点，林伯强、蒋竺均(2009)研究发现中国碳排放量库兹涅茨曲线的理论拐点对应的人均GDP为37170元/年，即拐点将在2020年左右出现，但实证预测表明中国碳排放量的拐点到2040年都不会再出现。

以上文献总结了经济增长与环境质量之间的关系，下文将对FDI与中国雾霾(PM2.5)污染之间关系的理论和文献进行梳理，对现存的FDI环境效应、FDI区域分布、不同来源地FDI和FDI对环境影响的门槛效应等文献进行梳理。

1.2.2 基于不同观点的FDI环境效应的相关研究

在FDI与东道国的环境关系理论中，学术界一直存在着两种对立的观点。一种是恶化论，另一种是有益论。恶化论的主要理论是污染避难所假说(Pollution Heaven Hypothesis，PHH)和环境竞次理论(Race to Bottom)。这一派如Cole(2004)、Mani(1995)通过实证分析证实了污染避难所假说是存在的，并认为FDI是造成环境污染的重要因素之一。有的学者从污染产业的出口规模和污染密集型产业在全球进出口贸易中所占份额的变化角度发现，发达国家可能通过直接在发展中国家进行生产，使其污染产业的出口规模进一步减少，得到了发展中国家可能沦为发达国家“污染避难所”的结论(Low and Yeats，1992)。还有的学者从环境规制和比较优势的角度分析了污染密集型产业在全球范围内的重新布局，证实了“污染避难所”的结论(Copeland and Taylor，1994；Esty，1995；Markusen，1999；王奇和蔡昕好，2017)。

在对国外环境质量的研究中，较多学者提出发展中国家出于吸引更多外资或防止本国资本外流的目的，会采用降低环境规制的方式来保护污染密集型产业，从而导致国内环境污染恶化，证实了FDI对环境产生了消极影响，以及“污染避难所”假说(Koo and Chung，1996；Dua and Esty，1997；Benarroch and Thille，2001；Yuqing Ge，Yucai Hu&Shenggang Ren，2020；周杰琦，韩颖和张莹，2016)。还有学者认为FDI对中、低收入国家的环境恶化具有增促效应，认为FDI在中、低收入国家具有负向的环境外部性(Khalil and Inam，2006；Wang and Chen，2007；Pao and Tsai，2011；Kari and Saddam，2012；Ong and Sek，2013；Kivyiro and Arminen，2014；Ritu Rana & Manoj Sharma，2020)。

国内学者中也有较多证实了PHH假说，较多学者认为FDI产生环境负效应的主要原因在于外资主要集中在中国污染密集型产业，并将外资来源国所淘汰的技术、设备、生产工艺和危险废物转移到中国，对环境造成恶劣影响，而且流入我国纺织、日化等产业的比重较大，远超流入其他产业的规模，提出FDI产业结构不合理是造成环境污染的重要因素(夏友富，1999；温怀德，2008；刘玉凤和高良谋，2019)。还有部分学者发现FDI与污染物排放之间呈现显著的正相关关系，其中FDI对环境污染的负面效应由东向西逐渐增加，存在区域的异质性，且多数研究得到如下结论：东部FDI的碳排放弹性系数最大、能耗强度最低，而FDI对中西部地区的碳排放影响较小，其影响程度自东部至西部逐渐减弱(陈凌佳，2008；苏振东和周玮庆，2010；牛海霞和胡佳雨，2011；王道臻和任荣明，2011；江三良和邵宇浩，2020)。还有部分学者认为并非所有污染密集型产业均会对环境产生显著的负向影响，如胡小娟和赵寒(2010)分析了不同污染程度和不同要素密集型产业FDI对中国环境的影响，发现劳动密集型行业和重度污染密集型产业的FDI对环境影响并不显著，而技术密集型产业的FDI对环境产生较大的负面影响。还有部分学者认为FDI与不同污染物之间呈现不同的关系。如黄梅(2015)对FDI和环境污染之间的关系进行了实证分析，发现经济增长、FDI和环境污染之间存在着长期协整关系，FDI虽然提高了中国的废水处理能力，但从总体上来说仍导致了中国环境进一步恶化。刘飞宇和赵爱清(2016)利用空间滞后模型分析了FDI对工业SO_2、工业废水、工业烟尘排放的影响，结果发现FDI对工业SO_2、工业废水排放具有降减效应，对工业烟尘排放具有增促效应。

有益论的主要理论是“污染光环”(pollution halo)效应和竞优理论(race to

top)。这一派认为FDI通过技术溢出、提高环境规制、企业竞争等方式来改善东道国环境。如较多学者认为跨国公司拥有更先进的清洁技术以及环境管理体系，FDI在东道国实现了技术扩散和外溢效应，提供了学习示范效应，在一定程度上提高了东道国生产和节能改造技术，降低了东道国空气污染物(SO_2、NO_2、PM10和BOD)，证实了污染光环效应(Birdsall and wheeler, 1993; Chudnovsky and lopez, 1999; Xian, 1999; Grey, 2002; Borregaard and Dufey, 2002; Frankel and Rose, 2003; Eskeland and Harrison, 2003; 郑翔中和高越, 2019)。一些学者认为FDI的技术转移或溢出效应是指跨国公司将在母国已经被淘汰但在东道国仍属较为先进的技术转移至东道国来实现清洁生产，FDI的技术溢出效应改善了东道国(发展中国家)的环境质量(Girma and Gong et al., 2008; Perkins et al., 2008 ; Albornoz et al., 2009; Hassaballa, 2014; 李锴和齐绍洲, 2018)。

还有学者认为，FDI不仅改善了东道国的环境，还促使跨国公司改善了公司内部管理体系。如Chritmann和Tayor(2001)认为由于跨国公司的母国背景，以及公司业务很多围绕发达国家展开，这些都增加了跨国公司环境行为的自我约束力。Grey和Brank(2002)发现，跨国公司的存在，使本国企业有了学习并采用先进管理技术的机会，并促进了IS014001环境管理体系在东道国企业中的推广，这都有助于跨国企业实现其全球扩张的战略目标。"污染光环"假说在中国得到了较多实证研究的支持，如在对中国环境的研究中，部分学者认为外资通过高于我国标准的清洁环保技术，使外资企业对环境的负面影响比国有企业和私有企业小，而且能源利用率更高(Blackman and Wu, 1998; Wang and Jin, 2007; 许士春和何正霞, 2007; Canh Phuc Nguyen, Christophe Schinckus, Thanh Dinh Su, 2020)。还有学者认为外资企业对中国的SO_2和COD排放强度的影响为负，发现FDI除了降低本行业的污染排放外，还因产业链之间的联系而影响其上下游产业的排放强度。当外资和内资企业在不同的空间区域时，溢出效应将会扩展到整个地理空间维度。利用空间滞后模型和空间误差模型证实了FDI在地理上的集群有利于改善中国的大气污染，证实了"污染光环"假说(陈媛媛和王海宇, 2010; 许和连和邓玉萍, 2012; 钟娟和魏彦杰, 2019)。

在FDI对环境影响机制的研究中，部分学者证实了FDI的规模效应会使中国的污染物排放增加，但结构效应和技术效应又会使污染物排放减少，总效应为正，即FDI使大气污染物排放增加(He，2006；郭红燕和韩立岩，2008；曹翔和余升国，2014；钟娟和魏彦杰，2019)。还有部分学者认为FDI对工业污染影响的总效应为负(周力和应瑞瑶，2009；李子豪和代迪尔，2010；包群、陈媛媛和宋立刚，2010；盛斌和吕越，2012；代迪尔和李子豪，2011；刘渝琳、郑效晨、王鹏，2015；江心英和赵爽，2019)。还有学者证实FDI环境效应在区域间表现出异质性，如郑效晨和刘渝琳(2012)认为FDI的规模效应和结构效应对环境产生了负向效应，FDI的技术效应产生了正向效应。同时，FDI对区域间的环境污染程度有不同表现，东部地区污染程度加重，中部和西部则相反。

1.2.3　基于FDI区域分布的相关研究

在现有文献研究中，FDI对中国雾霾(PM2.5)污染影响的区域异质性主要涉及FDI区域分布理论。因此，本节主要通过梳理FDI区域分布理论(包括碳排放量、技术溢出等)的相关文献来归纳FDI对中国雾霾(PM2.5)污染的区域异质性的影响。

在解释FDI区域分布理论时，最早的研究认为不同的地区由于其地理位置、人力资本、基础设施的不同，对FDI的吸引程度不同。如Hymer(1960)认为FDI是跨国公司在全球竞争的大背景下所作出的谋求利润最大化的投资行为。Dunning(1977)解释了所有权、国际化和区位优势等因素对跨国公司行为所产生的影响，用交易费来解释企业的内部化，强调FDI的目的是获得资产，这种理论被称为国际生产折中理论。Krugman(1991)认为传统的理论用交通成本、劳动者工资水平和基础设施来解释跨国企业的选址动机，现代理论则认为企业选址更看重盈利的外部性以及与供应链相联系的集聚程度。孙俊(2002)认为除了基础设施完善程度、劳动力素质、薪酬水平、市场化程度等变量外，地区的产业结构将影响该地区吸引FDI的成效。Coughlin(1991)认为地区面积、产业集中程度、交通状况、政府投资、税收水平、失业率、薪酬水平等因素均为影响美国各州吸引FDI的因素。对中国的FDI地点选择研究中，Wei(1999)研究发现中国的经济发展状况、政府投资、通信成本、薪酬水平、从业人员素质、产业聚集度、基础设施完善度和国内贸易额等均为中国各省吸引FDI的因素。同时，当我国区域间基础设施、产业群、劳动力资源、规模市场和信息成本存在较大差异时，FDI的区域选择会产生异质性。

近年来，较多学者则采用实证分析对 FDI 区域分布理论进行了拓展，认为虽然不同的地区由于其地理位置、人力资本、基础设施不同，对 FDI 的吸引程度不同，FDI 同时也对不同地区的经济发展、技术水平、环境质量产生影响，而且其影响也会存在区域异质性(吴静芳，2011；潘文卿，2003；陈凌佳，2008；白红菊，2015；李娜娜和杨仁发，2019)。

1.2.4 基于不同来源地 FDI 对环境影响的相关研究

在现有文献研究中，不同来源地 FDI 对中国雾霾(PM2.5)污染的影响研究鲜有涉及。因此，本节通过梳理不同来源地的 FDI 对东道国的影响(包括碳排放量、技术溢出等)相关文献来揭示不同来源地 FDI 对中国雾霾(PM2.5)污染的影响机制。

在不同来源地 FDI 对东道国产生技术溢出的研究中，有的学者发现不同来源地 FDI 对东道国产生技术溢出效应程度不同。Girma 和 Wakelin(2001)研究了1988—1996 年间不同来源地的 FDI 对英国企业技术溢出的影响，发现日本企业的 FDI 技术溢出效应最大，而美国企业的溢出效应则很小。有的学者在对来自中国港澳台地区的 FDI 进行研究时发现中国港澳台地区的投资在中国内地产生了明显的技术外溢效应，认为中国港澳台外资所进入的行业主要以劳动密集型为主，其技术水平较低，本地企业更容易吸收，故产生了明显的技术外溢效应(孟亮和宣国良，2005；李铁立，2006；隆娟洁，2009；张成、郭炳南和于同申，2016)。有的学者在对来自欧、美、日的 FDI 进行研究时发现欧、美、日的 FDI 对中国人均碳排放产生显著的不利影响(闫云凤，2012；白红菊和刘蒂，2015；陶长琪和徐志琴，2019)。

以上研究意味着，由于国情不同，进入我国的各行业比例也不同，来源国的技术水平和当地企业吸收技术能力的不同，会导致不同来源地的 FDI 对中国雾霾(PM2.5)污染的影响并非同质，进入我国的 FDI 与进入其他国家的 FDI 相比呈现出许多特性，我们需要对不同来源地 FDI 对中国雾霾(PM2.5)污染的影响进行更深入的分析。

1.2.5 基于FDI对环境影响门槛效应的相关研究

FDI对中国雾霾(PM2.5)污染影响的门槛效应机制方面，现有研究鲜有涉及，而且没有较为统一的思路框架。本节主要通过梳理FDI环境效应(包括环境质量、能源消费、碳排放量等)相关文献来归纳FDI对中国雾霾(PM2.5)污染影响的门槛效应，主流观点认为FDI对环境影响的门槛效应主要受到人均GDP和研发投入等因素的影响。

人均GDP通常表征的是国家或地区的经济发展水平，一般被认为是经济活动影响环境的主要因素。众多实证研究也表明，当东道国人均GDP处于不同水平时，FDI对东道国环境质量的影响存在较大差异(Hoffmann，2005；包群、陈媛媛等，2010；李子豪、刘辉煌，2012；沈能，2013；李爽和张宇航，2020)。也有学者试图从不同人均GDP水平下的地区产业结构差异、FDI技术溢出差异、环境规制差异等角度对FDI环境效应的非线性关系的存在性进行解释(蔡昉，2008；Song and Woo，2008；高远东和陈讯，2010；熊艳，2011；李锴，2012；叶阿忠和郑航，2020)。

研发投入作为技术进步的重要渠道，对一国经济发展也发挥着十分重要的作用。在分析FDI环境效应的影响时，必须分析研发投入的影响。如不少学者认为研发投入能显著地弱化FDI的环境负向效应，进而实现地区经济向环境友好型转变(秦晓丽和于文超，2016；李金凯，程立燕和张同斌，2017)。也有学者试图从不同研发投入水平下的地区FDI技术溢出差异、环境规制差异的角度对FDI环境效应的非线性关系进行解释(Kinoshita，2000；Griffiths and Sapsford，2004；张中元和赵国庆，2011；Fisher Vanden et al.，2006；Loverly and Popp，2011；黄天航、赵小渝和陈凯华，2020)。

1.2.6 对现有研究的简要评述

在现有文献研究中，FDI对环境的影响研究主要是运用投入产出法和一般均衡分析(CGE)法、联立方程组法、静态面板模型或动态面板模型、面板协整模型等方法进行研究。因此，本节从不同研究方法的角度来梳理FDI对环境影响的相关文献，以揭示FDI对中国雾霾(PM2.5)污染的影响机制和采用空间计量方法的必要性。

从 FDI 环境效应角度来看，伴随着经济全球化的进程，很多局部地区的环境污染通过 FDI 和技术转移等媒介演变为全球性的环境污染，对人类的生存和可持续发展构成了根本性威胁(盛斌、吕越，2012)，外资流入与环境质量的关系也是当前最具有争议性的问题之一(Walter Ugelow，1979；Dua et al.，1997)。“污染避难所”假说认为各国之间环境管制的差异是造成资本流动的重要原因，该假说认为由于受到较严格的环境标准的制约，发达国家的环境治理与环境保护成本普遍较高，而环境管制普遍较弱的发展中国家的环保成本较低，对污染密集型产业具有较大的吸引力。因此，发达国家的污染密集型产业会被转移至发展中国家，从而造成后者环境质量的恶化。如果东道国为吸引 FDI 而不惜放松环境管制，降低环保标准，从而“向底线竞赛”，将使环境污染加剧，甚至产生不可逆的影响，这种宽松的环境管制不仅降低了 FDI 的环境准入门槛，而且还会使本已具有良好环保技术的企业放弃对技术升级的追求。“污染光环”假说从清洁投入传播角度认为 FDI 有利于改善区域环境状况。Letchumanan 和 Kodama(2000)认为 FDI 不仅为东道国提供了资金和技术，还通过技术外溢效应起到了一定的示范作用。Chudnovsky 和 Lopez(1999)的研究显示当外商在东道国投资时，其所执行的环境标准通常会与母国保持一致，这样不仅会减少东道国的污染排放，还有助于东道国环保技术的发展。此外，He(2006)和 Chew(2009)认为 FDI 对环境的影响也通过各种因素进行传导，包括规模、结构和技术等，进一步说明不同因素对环境的影响也有所不同。上述不同学者研究结论的差异很大，造成这种差异的原因除研究角度、研究对象、研究维度不同之外，研究方法的不同也是影响结论的重要原因，本书从研究方法的角度进行梳理，大致可分为四类：

第一类研究利用了投入产出法和一般均衡分析(CGE)法，投入产出法和一般均衡分析法可以为 FDI 环境效应的影响因素分解提供较为丰富的研究结论和现实的政策建议，但其应用存在一定局限性，一般这类研究需要使用隔几年才发布一次的投入产出表，较多应用在跨期研究中，导致研究结果存在一定的滞后性和非连续性，难以分析自变量对因变量影响的动态特征，而且此类方法主要用于结构分解分析，将因变量的影响因素划分为特定的几类因素，制约了对其他影响因素的全面分析。CGE 方法同样依赖投入产出表进行模拟分析，其影响机制以“黑匣子"的方式呈现，从而导致难以对因变量和自变量之间的影响机制进行分析。

第二类利用联立方程组法，较多学者将FDI对环境污染的影响分解为规模效应、结构效应和技术效应这三大效应，大部分文献则证实了规模效应增加了污染物排放，但是技术效应和结构效应的结论因研究对象的不同而不同。如He(2006)、熊立、许可和王钰(2012)、李子豪和代迪尔(2011)、刘媛媛(2020)等学者证实了规模和结构效应增加了各省份的碳排放量，而技术效应通过非物化型知识溢出减少了碳排放量。联立方程组模型可以描述经济系统内的内生变量和外生变量之间的数量关系，但利用联立方程组分析FDI环境效应时，所采用的模型的结构式一般由三个或以上的线性方程所构成，导致较难辨认真正的FDI与环境污染的函数关系式。

第三类是利用静态面板模型或动态面板模型结合环境库兹涅兹计量模型框架来分析FDI对环境质量的影响，不同的研究对象得到不同的研究结论，有的证实了FDI对环境影响的正效应，有的则证实了FDI对环境影响的负效应。利用静态或动态面板模型结合环境库兹涅兹计量模型框架来构建模型时，一般将FDI与环境污染物之间的关系拟合成线性关系，而较少将环境污染物的空间溢出效应和空间滞后效应纳入模型，从而可能导致估计结果有一定的偏误。

第四类是利用面板协整模型(PVAR)的研究，较多研究证实了FDI与碳排放量是长期相关的结论，但进行面板协整模型(PVAR)估计时，在各变量不同阶的情况下不能进行协整分析，需要将变量做一阶或二阶差分，所以在一定程度上弱化了数据反映的真实性。

总体上看，上述研究得出了一些很有价值的结论，在FDI与传统大气污染物的研究方面，国内外已经积累了较为丰富的研究成果，为FDI与中国雾霾污染的实证研究提供了宝贵的参考和借鉴。但对FDI与中国雾霾污染的实证研究起步较晚，该领域研究还比较匮乏，仍存在一定的不足之处，故本书从如下三个方面对该领域的研究进行拓展：

第一，在指标选取上，现有研究以TSP、SO_2、NO_X等常规大气污染排放作为研究对象已经开展了较为丰富的研究，但均未能最大限度地代表整体大气环境污染水平。PM2.5是诸多有害物质的载体和集合体，是雾霾的主要成分，PM2.5相比传统大气污染物能更精准地反映大气环境污染程度。

第二，在现有 FDI 环境效应影响评价研究中，较多采用传统计量方法进行估计，而传统的线性计量模型是基于空间均质性的假设，忽略了空间依赖性和异质性的现实，导致在雾霾(PM2.5)污染影响因素研究的结论上存在着脆弱性和适用的局限性。空间计量方法克服了空间均质性假设，特别是在研究环境污染影响因素方面的优势更加突出，故本书将采用静态和动态空间面板模型对雾霾(PM2.5)污染的空间滞后性即空间"溢出效应"予以揭示，以弥补线性计量模型对空间"溢出效应"考察的缺失。

第三，现有 FDI 环境效应的影响评价研究中，较多文献在 FDI 对中国环境质量的影响方面采用线性分析法进行估计，暗含着不同阶段的 FDI 环境效应具有同质性的假设，然而现实中 FDI 对中国雾霾(PM2.5)污染的影响可能存在非线性特征，故本书采用门槛效应模型考察了 FDI 在不同的发展阶段对中国雾霾(PM2.5)污染影响的"异质性"。将经济增长和研发投入作为门槛变量，通过数据内生结构将 FDI 划分为不同的发展阶段，以期得到在不同阶段的 FDI 对中国雾霾(PM2.5)污染影响的异质性和趋同性。

1.3 研究思路、研究方法和研究内容

1.3.1 研究思路

本书拟在为实现"引资"和"治霾"的双赢目标的政策制定提供科学依据。故本书采用中国省级面板数据、地级市面板数据，从空间依赖性、空间异质性、不同来源地 FDI 和门槛效应的角度实证检验 FDI 对中国雾霾(PM2.5)的影响。图1-1报告了本书的研究思路，主要包括：研究目标、研究内容和研究方法。

1.3.2 研究方法

为了测度 FDI 与中国雾霾污染的空间依赖性、空间异质性、门槛效应以及不同来源地 FDI 的影响特征，本书采用的主要研究方法有：

(1)探索性空间数据分析法。为了测度 FDI 和 PM2.5 的空间集聚程度，本书运用 Moran 指数和 Geary 指数对全域空间依赖性进行测度，并利用 Moran 指数散

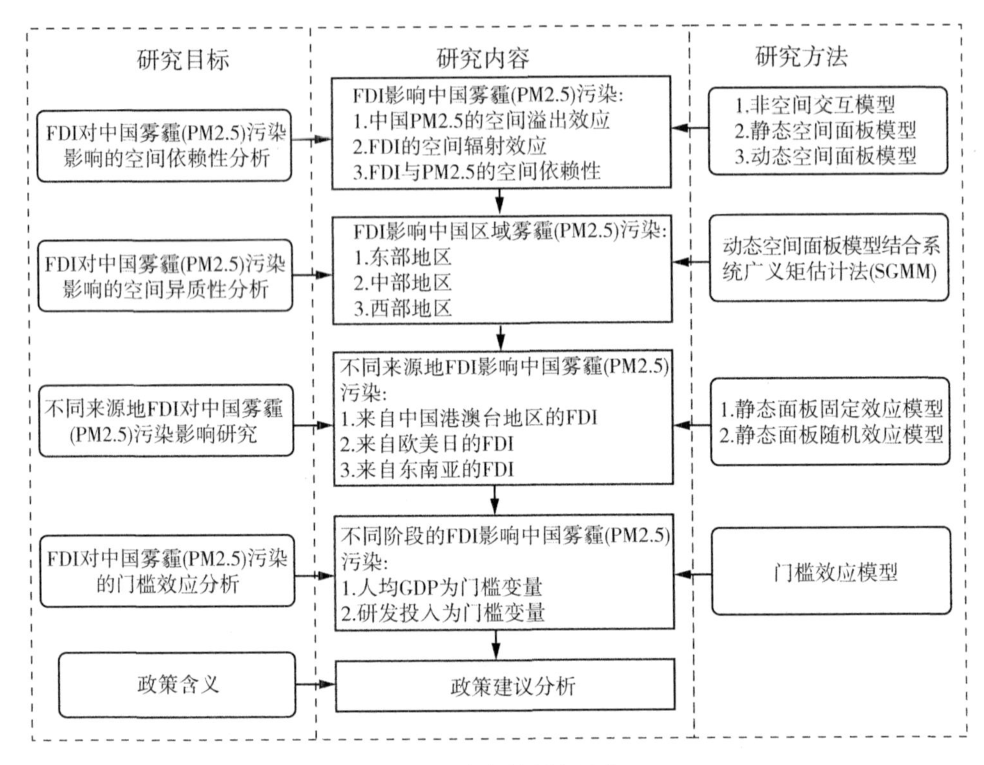

图 1-1 本书的研究思路

点图对全域与局域空间相关性进行检验。Moran 指数和 Geary 指数有效地结合了传统的统计方法与地理空间信息，直观地展示了 FDI 与中国雾霾(PM2.5)污染的动态跃迁过程。

(2)静态空间计量分析法。静态空间计量分析法的最大特征在于充分考虑了横截面单位之间的空间依赖性，静态空间计量方法分别设定为空间滞后模型(SLM)和空间误差模型(SEM)，静态空间面板模型的估计也存在固定效应和随机效应两种基本形式，通过 Hausman 检验可以在固定效应模型与随机效应模型之间进行选择，再通过经典的 LM 检验和稳健(Robust)的 LM 检验来完成 SLM 和 SEM 模型之间的比选，最后确定最佳空间估计模型。

(3)动态空间计量分析法。静态空间计量分析法在空间维度的角度分析各影响因素对雾霾(PM2.5)污染的影响可能是存在偏误的，一个地区的雾霾(PM2.5)污染程度不仅仅依赖于空间区位上的邻近，还依赖于上一时期的经济、社会等因素的影响。在动态空间面板模型中加入一阶滞后项后，如果空间自相关系数发生大幅下降，表明空间自相关性对雾霾(PM2.5)污染的影响变小；如果空间自相关系数发生大幅上升，表明空间依赖性对雾霾(PM2.5)污染的影响变大。静态空间面板重点反映的是同一个时点上不同省份之间的雾霾(PM2.5)污染对当地雾霾(PM2.5)污染的影响，而动态空间面板模型不仅反映出不同省份的雾霾(PM2.5)污染对当地雾霾(PM2.5)污染的影响，还反映出上一期雾霾(PM2.5)污染对当期的影响。由于中国雾霾(PM2.5)污染是一个动态的、连续的环境压力的系统体现，所以我们利用雾霾(PM2.5)污染的一阶滞后量表征时滞项，同时利用动态空间面板模型继续分析 FDI 对中国雾霾(PM2.5)污染的影响，通过建立动态 SLM 随机效应空间面板模型进行检验，将空间一阶滞后项和时间滞后项从模型中剥离出来，从而提高模型的拟合程度。同时，利用动态空间面板模型结合系统广义矩估计(SGMM)方法，不仅可以减少由于控制变量设置不够全面所导致的被解释变量未被完全控制和测量误差的问题，还可以控制被解释变量和解释变量相互影响等问题。系统广义矩估计(SGMM)通常被视为解决内生性问题的一种有效手段，可以减少模型估计中的雾霾(PM2.5)污染由于大气环流或大气化学作用等自然因素所导致的内生性问题，从而进一步提高模型的估计精度。

(4)门槛效应模型分析法。门槛模型检验包括门槛效应的显著性检验与门槛估计值的真实性检验，检验过程中运用“自抽样法”构建渐进分布和似然比统计量 LR。门槛模型检验的目的在于检验门槛估计参数是否显著。第七章以人均 GDP、政府投入和研发投入为门槛变量，依次假定存在 1、2 或 3 个门槛值的门槛回归模型，经过 300 次反复抽样得到具体 F 值和 P 值。采用 Hansen(1999)的面板门槛模型，以数据内生特征来划分不同区间，通过数据自动识别来确定门槛值，解决了一般线性模型解释力不强以及门槛条件设定过于主观和随意的问题，最后通过数据的内生特征划分出 FDI 的不同发展阶段对中国雾霾(PM2.5)污染的影响。

(5)非空间交互面板模型(聚合模型、截面固定模型、时期固定效应和双向固定效应模型)。在第四章的研究内容中，利用了四种不同的线性面板模型估计方法：聚合模型、截面固定模型、时期固定效应和双向固定效应的估计方法对数据进行分析，再通过经典的 LM 和稳健(Robust)的 LM 检验来完成 SLM 和 SEM 模型之间的比选，最后来确定最佳空间估计模型。在聚合模型的估计中，隐含各地区之间具有相同的雾霾(PM2.5)污染水平的假设，由于现实中不同省份的雾霾(PM2.5)污染具有较大差异，所以这个假设势必导致估计结果的偏误；时期固定模型考虑了时期的影响，反映了随时期变化的背景变量对稳态水平的影响，主要表现了经济周期、突发事件随时间变化的影响与辐射的作用，但忽略了空间地区差异的影响，也会造成估计结果的偏误；截面固定模型考虑了空间差异的影响，反映了受到地理位置变化对稳态水平的影响，主要表现出经济结构、政策变化与资源禀赋对雾霾(PM2.5)污染的影响。所以，双向固定模型既控制了时期的影响，也控制了空间差异的影响，刻画了解释变量对雾霾(PM2.5)污染的影响，最后我们采用双向固定效应模型得出的结果作为线性面板的估计结果。

1.3.3 研究内容

本书主要从实证的角度研究了FDI与雾霾(PM2.5)之间的关系。采用省级面板数据和城市面板数据，结合静态面板的固定效应和随机效应模型、静态空间面板模型、动态空间面板模型和门槛效应模型，来实证检验FDI对中国雾霾(PM2.5)污染的影响。最后从国家层面和区域层面提出经济开放条件下实现“引资”和“治霾”的政策建议。具体内容包括：

第一章：绪论，主要介绍了本研究的背景、意义以及目前国内外的研究进展、研究方法和研究结论等，同时对国内外有关文献进行综述，并对所采用的主要研究方法、技术路线、结构安排和创新点与不足等内容作了简要的介绍。

第二章：介绍了FDI与环境的相关理论，对环境库兹涅茨曲线理论、污染避难所假说、污染光环假说、环境竞次理论和环境竞优理论等做了总结和梳理。

第三章：定性分析了中国利用FDI和雾霾(PM2.5)污染状况。从FDI的发展阶段、区域分布、投资方式、投资结构、FDI政策变化历程、来源地结构、FDI主要来源地的特点七个角度对FDI的现状进行简要的描述性分析。此外，从中国部分城市的雾霾(PM2.5)污染水平、中国雾霾(PM2.5)污染发展趋势、中国区域雾霾(PM2.5)污染特征、中国雾霾(PM2.5)的主要来源、中国“治霾”政策发展历程五个角度对中国雾霾(PM2.5)污染现状进行了简要的描述和分析。然后对FDI与中国雾霾(PM2.5)污染的相关关系从全国层面和区域层面做了简要的分析。

第四章：由于中国雾霾(PM2.5)污染可能具有空间溢出效应和时间滞后效应，故采用探索性空间数据分析法对中国雾霾(PM2.5)污染的空间溢出效应和FDI的辐射效应进行实证检验，并利用静态和动态空间面板模型，从国家层面分析了FDI存量和流量对中国雾霾(PM2.5)污染的影响。实证结果表明，FDI是导致中国雾霾(PM2.5)污染加剧的重要影响因素，说明了中国目前吸引和利用FDI不仅存在污染溢出效应，也存在跨境污染的转移。

第五章：由于国家层面的FDI环境效应反映的是国家整体平均水平和总体状况，整体评价反映不了区域间的非典型特征，故有必要分别对东、中、西部地区的FDI对雾霾(PM2.5)污染的影响进行检验，来分析中国不同地区的FDI对雾霾(PM2.5)的影响程度。然后采用动态空间面板模型结合系统广义矩估计(SGMM)方法将中国241个城市分成东、中、西部地区进行回归分析，以期从区域的角度分析出中国东、中、西部地区FDI对雾霾影响的异质性。实证结果发现，FDI每升高1%，东部城市的雾霾(PM2.5)浓度升高0.0019%；FDI每升高1%，中部城市的雾霾(PM2.5)浓度升高0.0183%；而FDI对西部城市的雾霾(PM2.5)浓度影响不显著。证实了FDI对中国东、中、西部地区雾霾(PM2.5)污染的影响存在异质性。

第六章：投资国的经济发展水平、科技发展水平、对华投资模式与动机、投资产业分布、投资规模等要素各不相同，而且以上因素都会对东道国环境产生直接或间接影响。本章选取了外商实际直接投资较高的前十位国家或地区的FDI作为研究对象，利用静态面板模型的固定效应和随机效应模型来识别不同来源地FDI存量和流量在国家层面以及区域层面对中国雾霾(PM2.5)污染的影响。实证结果表明，在区域层面下，中国港澳台地区的外资对东部地区的雾霾(PM2.5)污染不存在显著的影响作用，来自欧美日和东(南)亚的FDI对东部地区的雾霾(PM2.5)污染产生了增促效应。来自中国港澳台地区的FDI对中部地区的雾霾(PM2.5)污染产生了增促效应，而来自东(南)亚的FDI对中部地区的雾霾(PM2.5)污染影响不显著。来自中国港澳台地区、欧美日和东(南)亚地区的FDI降低了我国西部地区雾霾(PM2.5)污染，但其“降霾”程度具有差异性。

第七章：考虑到FDI在不同的发展阶段可能存在“异质性”，采用门槛效应模型可以分析 FDI 与中国雾霾(PM2.5)污染的非线性关系，以弥补 FDI 的不同发展阶段对中国雾霾(PM2.5)污染的线性影响研究方面的不足。因此，本章以经济增长和研发投入为门槛变量，依据数据内生的特征将 FDI 划分为不同的发展阶段，以期发现在 FDI 的发展不同阶段对中国雾霾(PM2.5)污染影响的异质性和趋同性。实证结果表明，在不同的门槛变量条件下，FDI 对中国雾霾(PM2.5)污染产生了显著的增促效应。以研发投入为门槛变量时，越过第二个门槛值后 FDI 对中国雾霾(PM2.5)污染贡献度减弱，也出现下降趋势。以人均收入为门槛变量时，越过门槛值后 FDI 对中国雾霾(PM2.5)污染贡献度减弱，也开始呈下降趋势。以上结论一方面表明了不同的门槛变量对 FDI 与中国雾霾(PM2.5)污染关系的影响不同，另一方面揭示出经济增长和研发投入越过门槛值后降低了 FDI 在环境效应中的负面影响。

第八章：归纳全书主要结论并提出政策建议。该章首先归纳了全书的基本结论，在实证研究结论的基础上，分别从国家层面和区域层面提出改善环境和降低中国雾霾(PM2.5)污染的政策建议，如实行严格的环境政策和可持续发展的外资产业政策、提高中西部地区的环境准入标准、引导地方政府转变观念等。

第2章　FDI环境效应的相关理论基础

随着世界经济一体化趋势的不断增强，国际分工日益深化，各国经济联系更为紧密，FDI作为全球经济一体化的重要形式之一，虽然起步较晚，但发展速度非常迅速，成为各国参与国际经济事务、对外开放程度和国际竞争力的重要指标。FDI的注入给东道国带来了各个方面的影响，被称为世界经济增长的新动力。但FDI又具有“一揽子”要素转移特征，随着FDI的不断注入，经济进一步发展，环境问题也不断凸显，如全球变暖、资源匮乏、大气污染、水体污染、土壤污染、土地荒漠化、森林锐减、生物多样性减少、酸雨蔓延、雾霾频发等环境问题逐步呈现。虽然影响中国雾霾(PM2.5)污染的因素很多，但FDI对中国雾霾(PM2.5)污染的影响值得关注。当面对环境的跨境影响问题时，FDI与环境之间的关系进入了研究视野。FDI的环境正负效应都有哪些理论依据，将是本章的讨论重点。对于FDI环境效应的研究主要是围绕是否存在污染产业转移的问题进行讨论，FDI的环境影响有正效应和负效应之分。FDI还会通过经济增长直接或间接地对环境产生影响，FDI的环境效应的研究可分为三类：环境库兹涅茨曲线假说、FDI恶化论和FDI有益论。

2.1　FDI环境效应的相关理论内涵与演进

2.1.1　“污染避难所”假说

现有文献中关于FDI环境效应的一个重要观点是“污染避难所”假说。该假说首先由Walter和Ugelow(1979)提出，经Baumol和Oates(1988)等学者系统论证后成为相对成熟的理论。“污染避难所”假说认为环境规制较高的国家会使FDI

流出，而环境规制较低的国家会使FDI流入，而FDI的流入会导致东道国污染增加。在开放的经济体系中，资本的流动往往取决于国家间要素禀赋状态，而跨国企业作为跨国界生产主体，将生产要素进行跨国界分配。环境要素作为一种生产要素，而各个国家将环境标准的设置有所不同，就会导致其资源优势会发生改变。如发展中国家通过放松对环境的管制来吸引更多的FDI来促进本国经济的发展，而发达国家为了保持本国产品的综合竞争力，通过跨国企业将生产转移到环境规制较低的发展中国家或地区的方式，使后者成为"污染避难所"。

当东道国的环境规制提高时，企业的生产成本也随之上升，企业污染成本的内在化程度越高，那么其产品的综合竞争力就越低，企业为了保持产品的竞争力，就可能会改变生产要素的配置场所，将高耗能、高污染的产品向环境规制较为宽松的地区和国家进行转移。Xing和Kolstad(1995)认为"污染避难所"的存在也需要满足一定的条件：(1)实施环境保护提高了污染产业的成本；(2)环境规制的加强使投资场所的选择发生变化；(3)环境政策通过生产投入物和生产范围的限制来使投资场所的选择发生变化。通过以上条件我们发现，当环境规制提高了生产成本，较低环境成本的商品在国际市场上不具有价格竞争优势时，跨境污染使"污染避难所"产生。Walter和Vgelow(1979)、Walter(1982)、Blackhurst(1992)解释了污染产业在世界各国间转移的根本原因，自由贸易使同类产品的价格趋于一致，为了保持产品的综合竞争力，跨国公司的投资和生产地理区位将不得不随产品综合竞争力的需要而进行转移。

所以，具体而言，污染避难所假说体现在两个层面：企业层面和国家层面。根据"污染避难所"假说，从跨国企业在全球价值链的布局来看，跨国企业为了保证其产品的综合竞争力，将其污染密集型产业从环境规制高的发达国家向环境规制低的发展中国家转移。发展中国家具有廉价的劳动力和环境成本的优势，跨国公司在发展中国家利用其优势来降低生产成本。所以，"污染避难所"假说阐述了企业在生产过程中通过转移污染产业来实现企业生产成本最小化。从国家层面来说，发达国家和发展中国家由于环境约束的不同，导致其比较优势不同，发展中国家为了吸引外资，促进经济水平提高，降低了环境规制水平，从而导致东道国的环境质量下降，使发展中国家沦为"世界工厂"和发达国家的"污染避难所"。

2.1.2 产业转移论和产品周期理论

在第二次世界大战后，日本经济经历了引进现代产业部门、创造比较优势、失去比较优势和转移到国外再造比较优势的过程。小岛清(1977)根据日本对外直接投资的历程进行了实证研究，在比较成本理论和比较优势理论的基础上，提出了“边际产业转移扩张理论”。在他看来，对外直接投资应该从投资国处于劣势或即将成为劣势的产业开始，然后依次进行，通过劣势产业空间转移达到边际产业扩张的目的。对于东道国来说，如果该国资源丰富，该产业仍处于起步阶段或者发展阶段，投资国的生产技术仍具有先进性，那么东道国的资源和投资国的生产技术结合起来既可以提高东道国的经济发展速度，又可使投资国产生新的经济增长点。

含有环境负效应观点的还有产品生命周期理论，R. Venon(2004)提出了产品生命周期理论，认为产业转移的现象是由产品的不同阶段所导致，产品生命周期决定了对外直接投资的形成过程。Venon 认为新产品的生命周期主要经历了四个阶段，分别为产品创新、成熟、衰退和替代的阶段。当产品发展阶段发生转换时，其生产要素也随之发生改变，如当产品从新产品到成熟阶段时，产品的生产特性从技术密集型转换到资本、劳动或资源密集型。当产品从成熟阶段开始进入衰退阶段时，则代表该产品在本国已成为劣势产品，发展甚至生存空间已经非常小，在向低梯度国家或地区转移时，产品的生命周期将重新开始。由于产品的生产特性由技术密集型改变为资源密集型或劳动密集型，其生产要素的利用程度和区位也随之发生改变。Z. A. Tan(2002)在 Venon 的产品生命周期理论的基础上进行了动态化和系统化更新，认为产品分为高、中、低三个品级，跨国企业则将高档产品的生产主要集中在本国进行，中间产品主要利用国外的劳动力、资本和自然资源进行组装和生产，而低档产品则主要转移到国外生产。高档产品主要以技术密集型为主，具有能耗少、污染少等特征，而处于衰退期的产品则具有高能耗、高污染的特征，将低品级的产品向国外转移，即间接地通过产品周期，将污染向外转移，所以，该理论进一步从产品生命周期论的角度阐述了污染产业内转移的现象，为国际分工的阶梯分布提供了理论支持。

2.1.3　环境竞次理论

Wheeler(2001)在传统的要素禀赋理论基础上提出了环境竞次理论(Race to Bottom)，认为如果将环境要素视为一种生产要素，国家之间对环境的要求不同，那么环境标准就不一样。为了吸引外资，各国会通过降低环境标准来获得比较优势。一方面，发展中国家为了吸引 FDI，通过降低环境规制的方式来吸引更多的 FDI 流入东道国。同时，跨国企业为了保持其产品的综合竞争力，使资本从环境规制较高的发达国家流入环境规制较低的发展中国家。另一方面，发达国家也通过不断降低环境标准来防止资本不断外流。随着这样恶性竞争，导致环境进一步恶化。Lucas(1996)认为较高的环境税会使企业生产成本上升，促使对东道国投资的增长。如果地方政府默许了利用降低环境规制的方法来提高 FDI 以促进经济和就业，那么中央政府就会陷于经济发展和环境保护的两难境地。

2.1.4　"污染光环"假说

光环效应是指由于对某事物有好感时，对与其相关的事物也产生好感。Kevin Grey 和 Duncan Brank(2002)认为东道国的人们出于对新事物的好感，对来自发达国家的跨国公司所拥有的先进技术和管理方式也保持了较高的好感，认为跨国公司的技术和管理方式也会是绿色、清洁的。跨国公司的技术扩散、溢出效应和示范效应，会对东道国的技术和新的环保标准产生"加州效应"，使东道国旧的技术和环保标准逐渐被淘汰，产生正向的环境效应。而 FDI 的污染光环效应主要是通过几个方面产生正向溢出效应：第一，学习示范效应，由于跨国企业的环保制度、管理理念较为先进，会成为东道国企业的榜样，于是当地企业通过对跨国企业的学习，实现了非物化型知识溢出效应，如开展 ISO14000 认证等。第二，行业产业链效应，主要表现为外资企业实现了在东道国生产，其中间产品等配套需要由当地企业提供，为了达到外资企业对配套产品的要求，东道国企业不断提高生产和环保技术并升级配套设备，从而提升了环保能力。较多研究(Blackman and Wu，1998；Zarsky，1999)证实了污染光环理论，认为投资国的技术更为节能，通过非物化知识溢出效应，使东道国的能源利用效率和绿色环保技术水平提升，从而使环境污染有所降低。

“污染光环”假说阐述了 FDI 在对发展中国家投入资本时，同时也向东道国输入了先进的清洁技术，提高了环境规制的水平，从而使发展中国家环境得到了改善，这得益于来自发达国家的 FDI 具备较为先进的清洁技术水平，并对东道国实现了非物化知识溢出，不仅促进了东道国的清洁技术水平的提升，还带动了当地的经济发展。

2.1.5 波特假说

Michael Porter 认为环境管制的压力会倒逼企业技术创新，使企业进行清洁技术的设备改造，这种长期的、动态的创新活动可以消化增加的环境成本，有利于提高产品竞争力，体现了技术进步的环境正效应，这就是著名的“波特假说”。波特假说还认为环境规制的目的是为了在生产环节和消费环节使环境成本由外部化逐渐内部化。环境成本外部化，会导致环境要素的社会成本大于私人成本，使社会福利最大化原则产生偏离。但从长远来看，全球范围内环境规制水平的普遍提高已是大势所趋，而不断提高的环境规制将促使生产企业优胜劣汰。比如，波特研究发现，德国和日本等发达国家并未因为国家环境标准高而丧失整体竞争力，特别是在污染控制设备、清洁生产等产业领域拥有的先进低碳环保技术。能够在提高环境标准的前提下具有降低环境成本的能力，就能获得“波特假说”所阐述的先发优势，在环境规制越来越严格的大社会背景下增强企业的发展能力和综合竞争力。

2.1.6 环境竞优理论

含有环境正效应的还有竞优理论，该理论认为，FDI 会促进东道国的环境标准的提高。Goldman(1999)认为，东道国政府可以通过鼓励环保清洁类投资和限制污染类的 FDI 进入，通过较强的环境规制和完善的环境政策来提升外资企业的环保技术水平，同时外资企业通过非物化型知识溢出，将绿色低碳理念和技术通过市场灌输到发展中国家的政府、企业和消费者，使当地环保标准得以提升。Lee(1993)发现韩国为了进入美国、欧盟、日本的汽车市场，也一度提高了本国汽车的排放标准，来满足美国、欧盟、日本等汽车市场的要求。Vogel(2000)发现日本政府为了打开美国汽车市场，以美国汽车排放标准来规范本国的汽车排放。以上研究一定程度上证实了 FDI 使东道国或投资国的环境标准均有所提高。

2.2 FDI 环境效应的相关模型分析

在 FDI 环境效应的模型分析中，较为典型的研究来自 Copeland 和 Taylor (1994)及盛斌和吕越(2012)的模型，他们认为 FDI 的不同效应对环境质量的影响不同，规模效应对环境质量的影响符号一般为正，结构效应的符号根据不同国家、不同国情而不同，技术效应对环境质量的影响符号一般为负。

2.2.1 Copeland-Taylor 南北贸易模型中的环境效应

2.2.1.1 基本设定

Copeland 和 Taylor (1994)首次将环境效应纳入南北贸易模型，假设世界上有两种国家，其中南方国家表示发展中国家，北方国家表示发达国家。南方国家变量由(*)表示，其中私人消费品设为 $Z \in [0,\ 1]$，其中污染物假设为消费品，我们假设生产 Z 产品需要 Y 个投入品，排污量为 d，以及劳动力投入为 l。构建的模型基本如下：

$$y = (d,\ l;\ z) = \left\{\frac{l^{l-a(z)}d^{a(z)}}{0}\right\} \tag{2.1}$$

其中，当 $d \leqslant \lambda l$ 时，y 为分子式，当 $d > \lambda l$ 时，y 为零值。$\alpha(z)$ 是产品间的异质性参数，并假定 $\alpha(z) \in [\alpha,\ \bar{\alpha}]$，而且 $0 < \alpha < \bar{\alpha} < 1$。式(2.1)使生产 Z 产品时，污染物可以作为劳动力进行替换，作为一种投入品进行计算。如果企业的排污没有被限制，它们将不会采取减排措施，在式(2.1)中表达为 $d = \lambda l$。同样，如果污染税 τ 加入，而且 ω_e 是单位劳动力的回报率，那么公司的每个劳动力所产生的最小化的污染排放物表示为：

$$\frac{\omega_e}{\tau} = \frac{1 - \alpha(z)}{\alpha(z)}\frac{d}{l} \tag{2.2}$$

2.2.1.2 贸易和环境污染

在南北贸易模型中假设贸易主要受到国家间环境规制的影响，这为贸易与环境污染提供了一个有利的分析框架。我们假设命题 1：当北方国家生产所有的产品时，即 $z \in [0, \bar{z})$；当南方国家生产所有的产品时，即 $z \in (\bar{z}, 1]$，$\tau > \tau^*$ 存在均衡。即在资源禀赋存在差异的前提下，当北方国家有相对高的收入，它将选择更高的污染税收，这样导致污染密集型行业选择留在南方国家。命题 2：如果命题 1 成立，贸易可以总是降低北方国家的污染水平，而增加南部的污染，从而增加了世界的污染程度。为了考察命题 2 是否成立，将贸易对环境的污染分解为规模效应、技术效应和结构效应：

$$\mathrm{d}D = \frac{\delta D}{\delta I}\mathrm{d}I + \frac{\delta D}{\delta \tau}\mathrm{d}\tau + \frac{\delta D}{\delta \bar{z}}\mathrm{d}\bar{z} \qquad (2.3)$$

同样的分解可以应用在南方国家和世界范围内的污染。其中规模效应反映了在保持不变的技术水平和生产结构的前提下，由于经济活动的增加导致污染程度加剧。规模效应通常为正，而污染增加的程度会存在差异性，而且如果贸易结构和技术效应不变，污染增长的程度与收入之间存在比例关系：

$$\frac{\delta D}{\delta I} = \frac{\theta(\bar{z})}{\tau\varphi(\bar{z})} > 0, \text{ and } \frac{\delta D}{\delta I}\frac{I}{D} = 1 \qquad (2.4)$$

同样，规模效应在南方国家也为正，而且与收入之间呈比例关系。技术效应考察的是当收入和产品的产量不产生变化时，使用节能减排技术对污染物的排放的减少程度，一般为负值：

$$\frac{\delta D}{\delta \tau} = -\frac{I\theta(\bar{z})}{\tau^2\varphi(\bar{z})} < 0 \qquad (2.5)$$

最后，结构效应衡量的是当生产的结构发生变化时，所排放的污染物所产生的变化。对于北方国家，分化的收益率为：

$$\frac{\delta D}{\delta \bar{z}} = D\left[\frac{\theta'(\bar{z})}{\theta(\bar{z})} - \frac{\varphi'(\bar{z})}{\varphi(\bar{z})}\right] = \frac{Ib(\bar{z})}{\tau\varphi(\bar{z})^2}\int_0^{\bar{z}}[\alpha(\bar{z}) - \alpha(\bar{z})]\, b(z)\mathrm{d}z > 0 \qquad (2.6)$$

如果收入和污染税固定不变，那么北方国家的污染会随着产量的增加而增加，这是由于北方国家的边际产品将比原来的产品更趋向于污染密集型。对于南方国家来说，其分化收益率为：

$$\frac{\delta D}{\delta \bar{z}} = \frac{I \cdot b(\bar{z})}{\tau \cdot \varphi \cdot (\bar{z})^2}\int_{\bar{z}}^{1}[\alpha(z) - \alpha(\bar{z})]\, b(z)\mathrm{d}z > 0 \qquad (2.7)$$

由于南方国家的 $\bar{z}$ 是不断增长的，所以南方国家的结构效应为正。综上，我们发现虽然国际贸易改变了产品的生产地，但增加了实际收入，而且刺激了政府调整污染税，结构效应是主导另外两个效应的主要因素。为了考察这三个效应的净效应，我们令 $\hat{D} = dD/D$ ，方程式表达为：

$$\hat{D} = \hat{I} - \hat{\tau} + (\hat{\theta} - \hat{\varphi}) \tag{2.8}$$

其中 $\hat{I}$ 是指规模效应，$-\hat{\tau}$ 是技术效应，$\hat{\theta} - \hat{\varphi}$ 是结构效应。这个变化过程在污染税里的表达式为：

$$\hat{\tau} = (\gamma - 1)\hat{D} + 1 \tag{2.9}$$

结合式(2.8)和式(2.9)，方程式表达为：

$$\hat{D} = -[\frac{\gamma - 1}{\gamma}](\hat{\theta} - \hat{\varphi}) + (\hat{\theta} - \hat{\varphi}) \tag{2.10}$$

式(2.10)的第一部分是规模效应和技术效应的净效应。如果 $\gamma = 1$ ，这个方程式表示为：技术效应抵消了规模效应。如果 $\gamma > 1$，技术效应将不仅能完全抵消规模效应，还将 $(\gamma - 1)\gamma$ 结构效应抵消。表明技术效应有正向影响，也有可能具有负向影响。但由于南方国家环境规制水平较低，在污染密集型产业上更具有比较优势，所以在南方国家，其规模效应和结构效应对环境的负面影响往往大于技术效应对环境的正面影响。证实了假设：贸易开放改善了发达国家的环境质量，但却降低了发展中国家和世界范围内的环境质量。

2.2.2 包含治污技术的 FDI 环境效应模型

由于 Copeland-Taylor 模型是一个分析贸易对环境污染影响的模型，并未说明 FDI 所起的作用。盛斌和吕越(2012)在 Copeland-Taylor 模型的基础上，将 FDI 对东道国的环境影响分解为规模效应、结构效应和技术效应三种机制。从理论上构建了一个包含污染治理技术和环境管制政策因素在内的一般均衡模型来分析 FDI 对污染排放的影响。盛斌和吕越(2012)将人均污染排放量 z 写成如下对数形式：

$$\ln z = \beta_0 + \ln s + \beta_1 \ln k - \beta_2 \text{fdi} - \beta_3 \text{rd} - \ln\tau + \xi + \mu + v \tag{2.11}$$

其中 fdi 为外资进入度，rd 为研发水平，τ 为污染成本，s 为产出规模，k 为人均资本存量。由于模型假定研发水平 rd、污染税率 τ 以及资本价格 r 和工资水平 w 均为外生变量，两边对 FDI 求导，可得：

$$\frac{\mathrm{d}z}{\mathrm{dFDI}}\frac{\mathrm{FDI}}{z}=\frac{\mathrm{dln}s}{\mathrm{dFDI}}\mathrm{FDI}+\beta_1\frac{\mathrm{dln}k}{\mathrm{dFDI}}\mathrm{FDI}-\beta_2\frac{\mathrm{dfdi}}{\mathrm{dFDI}}\mathrm{FDI} \tag{2.12}$$

在不考虑 FDI 对国内资本的挤入和挤出效应的前提下，设 $\mathrm{d}K/\mathrm{dFDI}=1$ ，可以将式(2.12)转换为：

$$\frac{\mathrm{d}z}{\mathrm{dFDI}}\frac{\mathrm{FDI}}{z}=\varepsilon s,\ k\mathrm{fdi}+\beta_1\mathrm{fdi}-\beta_2(\mathrm{fdi}-\mathrm{fdi}^2) \tag{2.13}$$

其中 εs，kfdi 为规模效应、$\beta_1$fdi 为结构效应，$\beta_2(\mathrm{fdi}-\mathrm{fdi}^2)$ 为技术效应。由于基本的产出弹性为正，所以 FDI 对环境质量的影响的规模效应为正。依据雷布津基定理，将导致资本密集型的污染产品的生产增加而其他产品产量减少，故 FDI 对污染排放的结构效应为正($\beta_1>0$)。FDI 的流入一般有利于节能减排技术的提升，对环境的技术效应为负。从式(2.13)中可以看出 FDI 与环境质量之间呈现 U 形关系。当 FDI 流入量较低时，对环境的改善的边际作用较小，当 FDI 流入量较高时，对环境的改善的边际作用较大。

2.3 FDI 对环境影响的理论机制分析

由上文分析可知，FDI 对环境的影响一般分为规模效应、结构效应和技术效应。其理论机制为环境污染程度是受到 FDI 的规模效应、结构效应和技术效应综合作用的结果。规模效应是指一国为了达到弥补该国(地区)资金短缺的目的，通过吸引外资从而使生产规模得到进一步扩大。它的流入带动了更多的劳动力和资源的投入，而更多的自然资源消耗使自然资源过度开发和能源消耗规模扩大，带来了更多的污染和环境压力，因此 FDI 规模效应给东道国环境带来了负效应。结构效应是指由于 FDI 的引进，导致东道国产业结构发生变化的过程。在工业化和城市化进程中，FDI 的流入引起污染密集型产业的扩张，提高了能耗和污染排放水平，进而对环境质量产生负效应。技术效应是指 FDI 带来的环境技术的扩散和推广，表现在生产单位产品对环境造成的污染程度不断降低或不断增加。FDI 集合了先进的技术和管理经验，在促进东道国经济增长的过程中，将先进技术和管理通过示范效应、竞争效应和知识溢出效应，减少了当地单位生产的资源消耗和污染排放，改善了环境质量。而 FDI 的技术效应在东道国主要表现在提高生产率的技术上，较少倾向于污染减少型技术，所以 FDI 技术效应对雾霾污染存在两面性。总之，FDI 总环境效应是三个效应的中和作用结果。接下来，本节以此为基础，在 FDI 环境效应的模型中考虑空间依赖性和门槛效应，首先引入空间相关项，考察 FDI 与环境污染之间的空间溢出效应。其次，我们采用门槛效应模型"让数据说话"，来考察在经济发展的不同的阶段 FDI 环境效应的异质性。

2.3.1　FDI 环境效应的空间依赖性

雾霾污染可能存在空间依赖性，需要构建动态空间计量模型来分析我国雾霾污染的时间滞后效应和空间溢出效应的影响机制。Elhorst(2012)通过构建动态空间面板模型研究表明，变量的空间依存关系不但体现在该地区先前污染排放行为的影响，而且还可能受到来自当期地区间的相关影响。张征宇、朱平芳(2010)的实证研究显示，中国不同地区间的环境决策存在相互竞争效应，而这种竞争效应的作用机制之一就是地理上相邻的地区倾向于对本地区下一期的环境决策产生影响，这意味着环境行为具有时空上的动态空间依存关系。鉴于此，我们进一步将上述污染的空间依赖特征和空间误差特征分别修正为动态表达形式：

$$Q_{it} = \alpha_1 X_{it} + \rho \sum_j w_{ij} Q_{jt} + \gamma \sum_j w_{ij} Q_{j,\ t-1} + u_{it} \tag{2.14}$$

$$Q_{it} = \beta_1 X_{it} + \zeta \mu_{t-1} + \lambda \sum_j w_{ij} \mu_{it} + \varphi_{it} \tag{2.15}$$

其中，Q 为环境污染水平，X 为相关影响因素所组成的向量，α_1 和 β_1 为其对应的系数向量；$\varphi_{it} = \varepsilon_{it} + \mu_{it}$，$\varepsilon_{it}$ 和 μ_{it} 均为服从正态分布的随机干扰项；ρ 为当期的空间滞后系数，反映了样本观测值的空间依赖作用，即当期邻近地区的环境污染对本地区雾霾污染的影响方向和影响程度；γ 为滞后一期的空间滞后系数，反映了考虑时间动态条件下的样本观测值的空间依赖作用，即滞后一期邻近地区的环境污染对本地区环境污染的影响方向和影响程度，因此可将其视为时空滞后效应的系数；λ 表示空间误差系数，衡量了存在于扰动误差项之中的样本观察值的空间依赖作用，即邻近地区关于雾霾污染的误差冲击对本地区雾霾污染的影响情况，描述了雾霾污染观测值的误差项所引致区域间的溢出效应。以上，是分析 FDI 环境效应的理论模型，本书第 4 章和第 5 章将进一步采用实证分析进行论证。

2.3.2　FDI 环境效应的门槛效应

由于 FDI 环境效应可能存在非线性关系，需要用门槛效应模型分析我国 FDI

对雾霾污染的非线性影响机制。Hansen(1999)认为在线性回归中，如果样本的变量不是离散型变量，而是连续型变量，就需要给定一个标准，即“门槛值”。传统的做法是，研究者主观确定一个门槛值，然后利用门槛值将样本进行分割，即不对门槛值进行参数估计，也不对其显著性进行统计估计检验，所以很显然，这样得到的结果并不可靠。他还提出门槛回归方法是为存在个体固定效应非动态面板所设计的。门槛值的提出可以利用固定效应转换来通过最小二乘估计来得到回归斜率。利用一个非标准的渐近理论进行推断，并允许构建置信区间来进行假设测试。

假设样本数据为 $\{y_{it}, q_{it}, x_{it}: 1 \leqslant i \leqslant n, 1 \leqslant t \leqslant T\}$，则有：

$$y_{it} = u_i + \beta'_1 x_{it} I(q_{it} \leqslant \gamma) + \beta'_2 x_{it} I(q_{it} > \gamma) + e_{it} \tag{2.16}$$

其中 q_{it} 代表划分样本的门槛变量，γ 为待估计的门槛值，x_{it} 为外生解释变量，与扰动项 e_{it} 不相关。I 为指示函数，即括号中的表达式为正，则取值为 1；反之，取 0。写成分段函数为：

$$y_{it} = \begin{cases} u_i + \beta'_1 x_{it} + e_{it} \\ u_i + \beta'_2 x_{it} + e_{it} \end{cases} \tag{2.17}$$

假设 n 较大，T 较小(短面板)，故大样本的渐近理论基于“$n \to \infty$”，定义 $\beta = (\beta'_1 \beta'_2)$，$x_{it}(\gamma) = \begin{pmatrix} x_{it} I(q_{it} \leqslant \gamma) \\ x_{it} I(q_{it} > \gamma) \end{pmatrix}$，方程则进一步简化为：

$$y_{it} = u_i + \beta' x_{it}(\gamma) + e_{it} \tag{2.18}$$

其中观测值被是否分成了两个区间取决于门槛变量 q_{it} 是小于还是大于 γ。区间是通过不同的斜率 β_1 和 β_2 进行区分。假设门槛变量 q_{it} 是时间变量，以及误差项 e_{it} 是平均值为零的独立同分布。这个独立同分布假设并不包括滞后独立变量。将方程两边对时间求平均可得：

$$\bar{y}_i = u_i + \beta' x_i(\gamma) + \bar{e}_i \tag{2.19}$$

将(2.18)式减去(2.19)式，得到模型的离差形式：

$$y_{it}^* = \beta' x_{it}^*(\gamma) + e_{it}^* \tag{2.20}$$

使 $y_t^* = \begin{bmatrix} y_{i2}^* \\ \vdots \\ y_{iT}^* \end{bmatrix}$，$x_t^*(\gamma) = \begin{bmatrix} x_{i2}^*(\gamma)' \\ \vdots \\ x_{iT}^*(\gamma)' \end{bmatrix}$，$e_t^* = \begin{bmatrix} e_{i2}^* \\ \vdots \\ e_{iT}^* \end{bmatrix}$，

简化得到：

$$Y_{it}^{*} = X^{*}(\gamma)\beta + e^{*} \tag{2.21}$$

给定γ取值，斜率β和最小残差平方和可以通过 OLS 估计出来，所以得到估计系数

$$\hat{\beta}(\gamma) = (X*(\gamma)'X*(\gamma))^{-1}X*(\gamma)'Y* \tag{2.22}$$

根据(2.20)式，其中残差项为 $\hat{e}*(\gamma) = Y* - X*(\gamma)\hat{\beta}(\gamma)$，残差平方和为：

$$S_1(\gamma) = \hat{e}*(\gamma)'\hat{e}*(\gamma) = Y*'(I - X*(\gamma)'X*(\gamma)'X*(\gamma))^{-1}Y* \tag{2.23}$$

令残差平方和最小：

$$\hat{\gamma} = \text{argmin}\, S_1(\gamma) \tag{2.24}$$

得到方差：

$$\hat{\sigma}^2 = \frac{1}{n(T-1)}\hat{e}^{*\prime}\hat{e}^{*} = \frac{1}{n(T-1)}S_1(\hat{\gamma}) \tag{2.25}$$

对于是否存在门槛效应，可以检验以下原假设：

$$H_0: \beta_1 = \beta_2$$

如果此原假设成立，则不存在门槛效应。此时，模型可简化为：

$$y_{it} = u_i + \beta'_1 x_{it} + e_{it} \tag{2.26}$$

转换为标准的固定效应面板模型即为：

$$y_{it}^{*} = \beta'_1 x_{it}^{*} + e_{it}^{*} \tag{2.27}$$

在$H_0: \beta_1 = \beta_2$约束条件下所得的残差平方和记为S_0，如果 $S_0 - S_1(\hat{\gamma})$ 越大，那么越倾向于拒绝原假设。原假设似然比是基于：

$$F_1 = (S_0 - S_1(\hat{\gamma}))/\hat{\sigma}^2 \tag{2.28}$$

Hansen(1999) 提出使用以下似然比检验统计量(LR)：

$$LR_1(\gamma) = (S_1(\gamma) - S_1(\hat{\gamma}))/\hat{\sigma}^2 \tag{2.29}$$

其中，$\hat{\sigma}^2 = \frac{1}{n(T-1)}S_1(\hat{\gamma})$ 为对扰动项方差的一致估计。如果拒绝原假设，则认为存在门槛效应，可以进一步对门槛值进行检验。如果接受原假设，则认为不存在门槛效应，因为$\beta_1 = \beta_2$，式(2.16) 退化为单一线性方程，则不存在门槛

效应。如果通过门槛效应检验，要进一步确定其门槛值的置信区间。

通过以上理论研究我们发现，FDI 对环境质量的影响方面，现有理论研究均得到了较为丰富的成果，上文从空间溢出效应和门槛效应的角度分析了 FDI 环境效应的理论机制。因此，从实证的角度来证实 FDI 对中国雾霾(PM2.5)污染的影响方向和程度，并对研究结论进行科学的解释是该领域面临的重要挑战。下文在对该领域进行实证检验之前，首先需要对 FDI 与中国雾霾(PM2.5)污染的现状进行定性分析。

第3章　FDI与中国雾霾(PM2.5)污染现状

20世纪80年代以来，流入外商直接投资额不断增长，而且增速加快。外商直接投资的注入不仅填补了中国经济发展过程中的资金缺口，还推动了本土技术创新，加快了中国经济的发展，被认为是中国经济增长的基础驱动因素。但随着经济的高速增长，环境问题日趋严重，特别是近些年来雾霾(PM2.5)污染频发、影响面广、治理难度大并呈现出常态化特点。因此，本章梳理了FDI与中国雾霾(PM2.5)污染状况，以便对经济开放条件下的FDI与中国雾霾(PM2.5)污染有一个初步的认识。

3.1　中国利用FDI的现状

改革开放四十多年来，中国引进FDI规模增长迅速，1979年至2019年累计实际利用外商直接投资额达到23632.07亿美元，高居全球第二位，仅次于美国。FDI的注入不仅填补了中国经济发展过程中的资金缺口，还推动了本土技术创新，加快了中国经济的发展，被认为是中国经济增长的基础驱动因素。本节从FDI的发展阶段、区域分布、投资方式、投资结构、政策变化历程、来源地结构、主要来源地的特点七个角度对FDI的现状进行简要的描述性分析。

3.1.1　FDI规模发展阶段

FDI在中国的发展主要分为四个阶段(见图3-1)，第一个阶段为FDI起步阶段(1979—1984年)，这一时期累计实际利用外商直接投资总额为40.01亿美元，大部分来自我国香港和澳门地区。第二阶段为FDI稳定发展阶段(1985—1991年)，这一时期外资流入明显加快，特别是在1986年10月《关于鼓励外商投资的规定》颁布后，外商投资的外部环境进一步优化，外商直接投资额年均增长率达 1.12%，但 FDI 年流入量仍不超过 50 亿美元。1992 年至今为外资大规模增长阶段，年平均实际利用额达 672.7079 亿美元，年均增长率达 1.065%，相比于中外合资和中外合作方式，外商直接投资的规模进一步增长，一跃成为中国利用外资的主要形式。图 3-1 显示了中国 1979—2019 年 FDI 流量变化趋势，可以看出中国吸引了大量的外资。随着外资数量不断增长，我国开始从注重外商投资规模向注重外商直接投资规模结构和质量转变。特别是 1997 年 12 月发布的《外商产业指导目录》，在指导目录中划分了对 FDI 的鼓励、允许、限制的产业范围。第三阶段为 FDI 快速发展阶段(1992—2005 年)，从图 3-1 中可以看出，1997 年至 2000 年，FDI 流量出现了短暂的回落。第四阶段为 FDI 高速增长期(2005—2015 年)，2005 年以后，FDI 首次突破 600 亿美元大关，FDI 进入了快速增长期。增速除了 2009 年、2012 年之间有个短暂的回落外，其余年份的 FDI 均稳步上升，直至 2019 年的 1381.4 亿美元，表明在加入 WTO 后，中国吸收 FDI 已经进入了一个稳健发展的新时期。开放的中国以巨大的市场规模、持续增长的活力，以及稳定的政治环境等因素对 FDI 产生了巨大的吸引力。第五阶段为平稳期(2015—2019 年)，可以看到，2016 年的实际利用外资额相较于 2015 年略微下降，之后开始稳步回升。中国对 FDI 的态图开始由量向质慢慢转变。

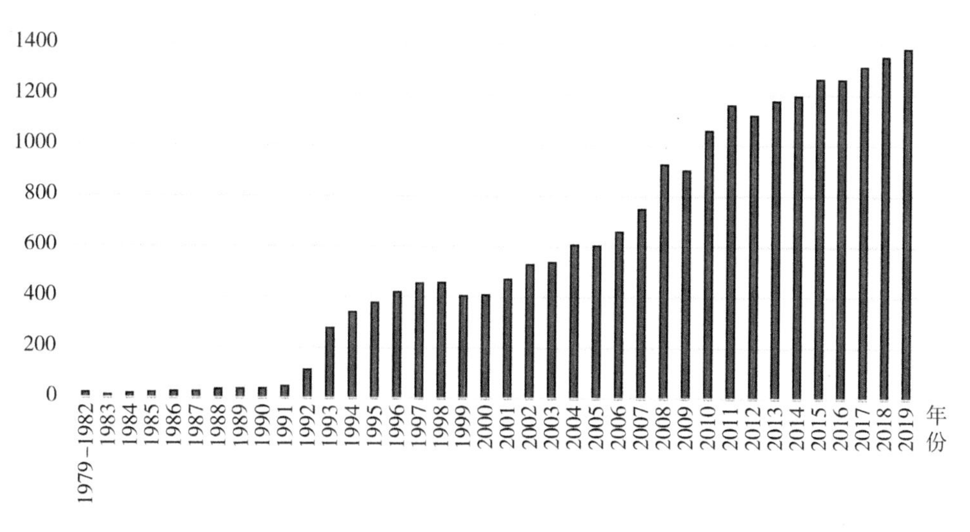

图 3-1 中国 1979—2019 年 FDI 流量变化趋势(亿美元)

资料来源：中经网宏观年度数据库，作者计算得出。

3.1.2　FDI 区域分布

从 FDI 区域分布和发展情况来看(见图 3-2)，东部地区①因基础设施完善、人力资本雄厚、产业配套力强、地理区位优越、国家所给予的财政税收、信贷和对外开放政策优惠等多种优势，成为 FDI 的集聚区。1998—2018 年东部地区累计利用 FDI 占全国累计利用 FDI 的 68.2%，但整体呈缓慢下降趋势，东部地区的

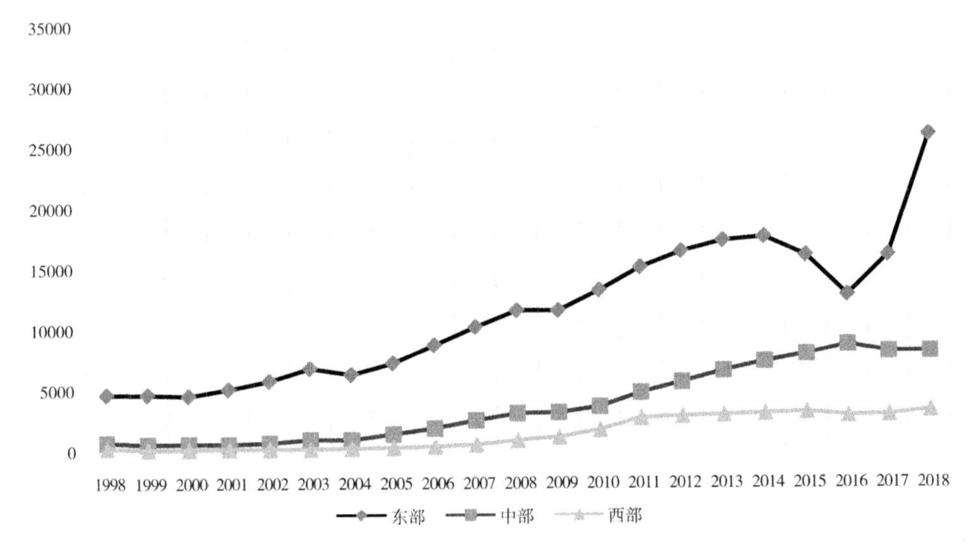

图 3-2　中国 1998—2018 年 FDI 流量的区域分布(亿美元)

资料来源：中经网宏观年度数据库，作者计算得出。

FDI 全国占比由 1998 年的 81.4%，下降为 2018 年的 69.08%。这主要由于东部沿海的传统制造业投资收益率下降，经济改革推动产业升级，劳动密集型 FDI 区位转移需求增大。中部地区自中部崛起战略实施以来，充分利用粮食主产地和大江大河的优势，沿长江、黄河流域大力发展工业，城市群规模进一步扩大，使中部产业转移的速度和规模迅速提高。中部地区的 FDI 全国占比由 1998 年的

---

① 东部地区包括的 11 个省级行政区有北京、天津、河北、辽宁、上海、江苏、浙江、福建、山东、广东和海南。中部地区有 8 个省级行政区，分别是山西、吉林、黑龙江、安徽、江西、河南、湖北、湖南。西部地区包括的省级行政区共 12 个，分别是四川、重庆、贵州、云南、西藏、陕西、甘肃、青海、宁夏、新疆、广西、内蒙古。

13.13%，上升到 2018 年的 21.86%，1998—2018 年中部地区累计利用 FDI 占全国累计利用 FDI 的 22.73%。西部地区由于地理历史状况、生产力发展水平等因素的制约，一直是吸引 FDI 的落后地区，西部地区的 FDI 全国占比由 1998 年的 5.44%，上升到 2018 年的 9.05%，1998—2018 年西部地区累计利用 FDI 占全国 FDI 的 9.1%。

3.1.3 FDI 方式的变化趋势

中国引进 FDI 主要有三种方式：中外合资、中外合作、外商独资。从图 3-3 可以看出这三种方式在 1998 年至 2018 年发生的巨大变化。1998 年中外合资企业投资达 183.48 亿美元，占 FDI 总量的 41.2%，占比最大。但自 1999 年起，中外合资占比就开始出现下降趋势，直至 2006 年期开始回升，增长至 2018 年的 27.67%，21 年间平均占比 25.77%。而中外合作项目占比一直呈下降趋势，由 1998 年的 21.82%下降至 2018 年的 0.6%，平均占比 5.67%。外商独资占比一直呈上升趋势，由 1998 年占比 36.98%上升至 2018 年的 71.71%，平均占比 68.56%。三种方式的转变表明，21 年间外资逐步由收入享受为主的低风险敏感型投资向以所有权为主的高风险敏感型投资转变。

3.1.4 FDI 投资结构变化趋势

1998—2018 年，中国吸收 FDI 的增速稳中趋缓，但质量在不断提升，产业结构在不断优化。主要表现在 FDI 制造业投入比例在不断下降，服务业比例在不断上升，制造业 FDI 则由传统的劳动密集型向技术密集型和资本密集型转化。流向第一产业的 FDI 占比变化不大，平均为 1.55%，第二产业占比由 1998 年的 68.9%下降到 2018 年的 40.85%，第三产业占比由 1998 年的 14.09%上升到 2018 年的 58.56%。

如果按行业细分，流入第二产业中的制造业的 FDI 占比由 1998 年的 63.48%下降至 2018 年的 30.51%，制造业平均占比 49.63%。第三产业中的房地产业总占比由 1998 年的 14.09%上升到 2018 年的 16.65%，平均占比 17.35%。2011 年以前，FDI 主要流向第二产业。而第二产业中近一半进入制造业。2011 年后，

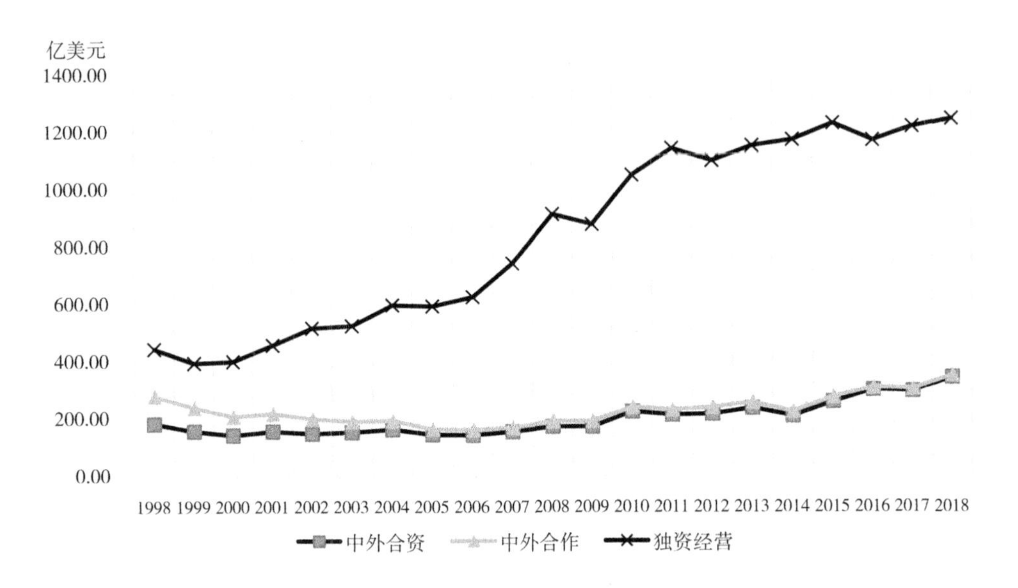

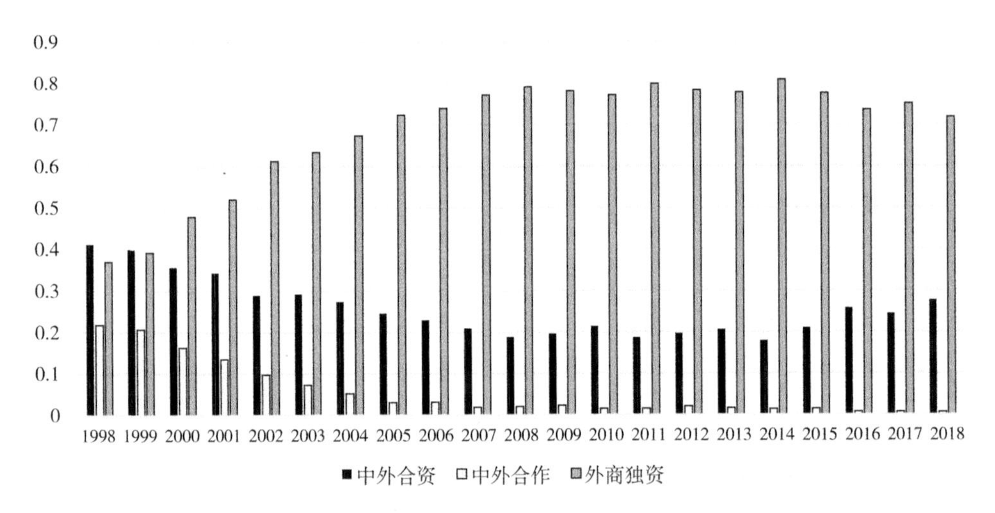

图3-3　FDI的投资方式变化总额和占比趋势

资料来源：中经网宏观年度数据库，作者计算得出。

FDI则主要流向第三产业，而第三产业中将近一半的份额进入房地产业。随着中国内需的进一步扩大，特别是中西部地区的配套设施、高技术人才队伍、产业体系的不断完善，制造业FDI质量将得到进一步优化。

图 3-4 FDI 产业结构变化

资料来源：数据来源于 2000—2018 年《中国统计年鉴》和《中国城市统计年鉴》，作者计算得出。

3.1.5 FDI 来源地结构

图 3-5 和图 3-6 显示了 1998—2018 年中国港澳台、欧美日、亚洲(不包括中国港澳台地区)对中国内地直接投资数量和比重。

1998 年中国内地吸收来自中国港澳台地区的 FDI 为 228 亿美元，占全部 FDI 的 50.3%；欧美日 FDI 为 169.72 亿美元，占比 13.3%；亚洲 FDI 为 60 亿美元，占比 13.2%。2005 年中国内地吸收的中国港澳台地区 FDI 为 229 亿美元，占比 39.57%，而欧美日 FDI 为 97 亿美元，占比 12.3%，亚洲 FDI 为 81 亿美元，占比 11.01%。1998—2005 年中国港澳台地区 FDI 比例有所下降，由 50.3%下降至 39.57%。欧美日 FDI 占比有所上升，由 13.3%提高至 16.1%。

由图 3-6 可知，2018 年吸收的中国港澳台地区 FDI 为 925.88 亿美元，占全部 FDI 的 68.58%，而欧美日 FDI 为 85 亿美元，占比 12.57%，亚洲 FDI 为 144.25 亿美元，占比 10.68%。2005—2018 年中国港澳台地区 FDI 占比持续上升，由 2005 年的 38.06%上升至 2018 年的 68.58%，欧美日则由 2005 年的

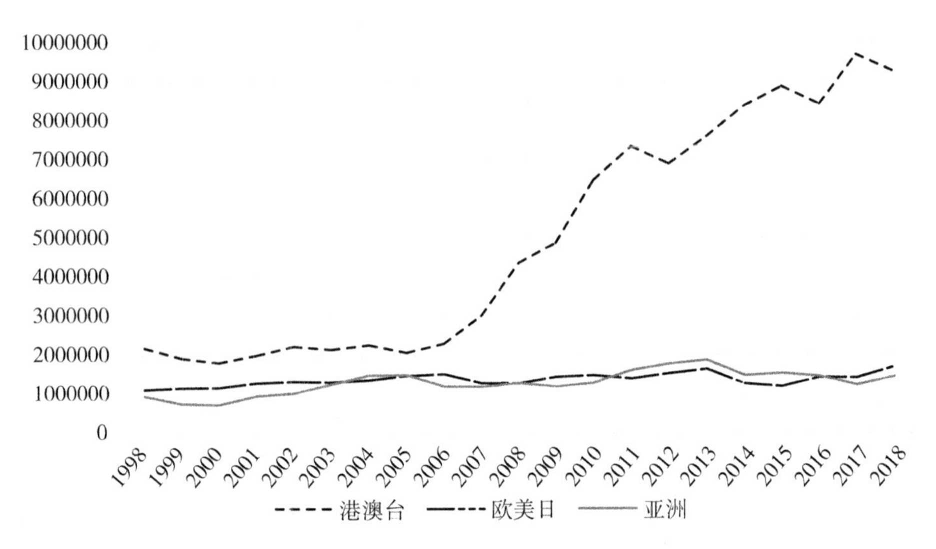

图 3-5　1998—2018 年中国港澳台地区、欧美日、亚洲对中国内地直接投资数量(万美元)

资料来源：中经网宏观年度数据库，作者计算得出。

23.17%降低至 2018 年的 12.57%，亚洲 FDI 由 2005 年的 23.53%降低至 2015 年的 10.68%。总之，中国港澳台地区是中国内地引资的最主要的来源，而欧美日和亚洲的 FDI 逐年下降，规模相对较小。

3.1.6　FDI 主要来源地特点

截至 2018 年我国内地吸收来自亚洲地区(包括我国港澳台地区)的实际使用外资金额为 13137.83 亿美元，占 FDI 总额的 72.6%；来自欧盟主要国家的金额为 1169.5 亿美元，占比 6.46%，来自北美的金额为 927.24 亿美元，占比 5.12%，来自部分自由港(不含我国港澳台地区)的金额为 2111.51 亿美元，占比 11.67%。

(1)中国香港地区。

中国香港地区一直是中国内地吸引 FDI 的最主要来源地。改革开放以来，香港对内地投资较为活跃，按实际使用外资金额测算，2018 年来自香港的直接投资占 FDI 总量为 66.61%(见表 3-1)。虽然从 1998 年到 2005 年呈下降趋势，从 1998 年的 40.71%下降到 2005 年的 29.75%，但从 2006 年又开始回升，从 2006

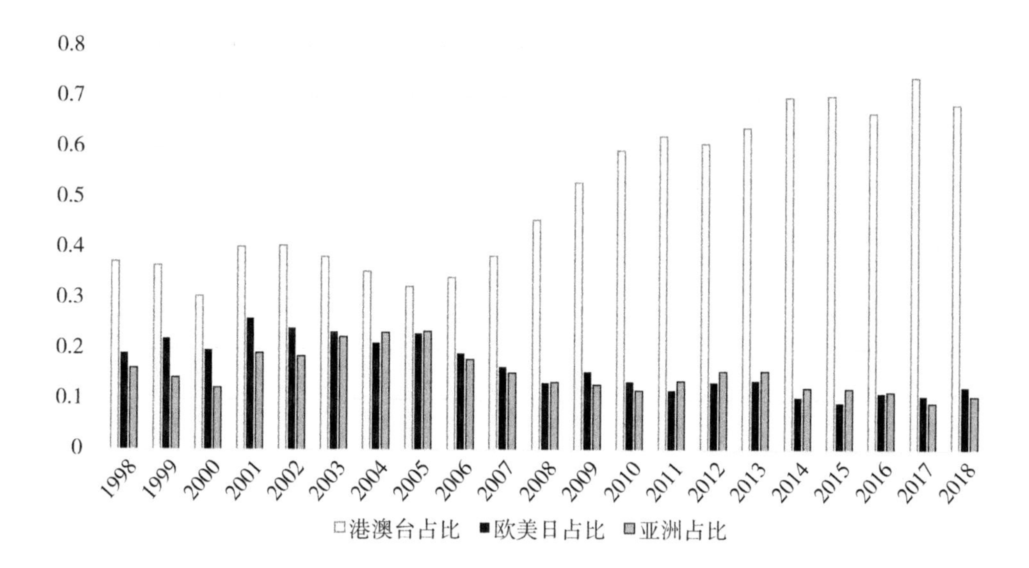

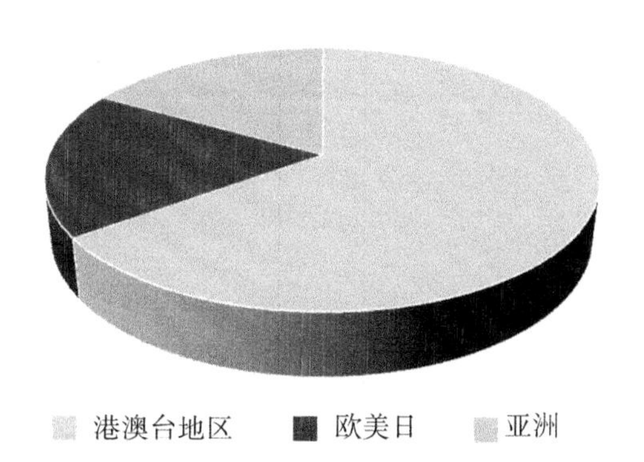

图 3-6　1998—2018 年中国港澳台地区、欧美日、亚洲 FDI 对中国内地直接投资比重(%)

资料来源：中经网宏观年度数据库，作者计算得出。

年的 32.11%上升到 2018 年的 66.61%。来自香港的投资项目规模偏小，投资主体以中小企业为主。

(2)中国澳门地区。

中国澳门地区是内地吸收 FDI 的来源地之一(见表 3-2)，在中国改革开放初期，澳门对内地的投资发挥着重要作用。虽然来自澳门的投资项目规模并不大，但跨境合作稳步推进，服务业投资进一步扩宽。2007 年，内地与澳门签署了《CEPA 补充协议四》。在 28 个领域出台了 40 项开放措施促进澳门与内地的经贸合作交流。

表 3-1　**1998—2018 年来自中国香港地区的实际使用外资金额(亿美元)**

年度	香港地区	内地	比重
1998	185.0836	454.63	40.71%
1999	163.6305	403.19	40.58%
2000	154.9998	407.15	38.07%
2001	167.1730	468.78	35.66%
2002	178.6093	527.43	33.86%
2003	177.0010	535.05	33.08%
2004	189.9830	606.3	31.33%
2005	179.4879	603.25	29.75%
2006	202.3292	630.21	32.11%
2007	277.0342	747.68	37.05%
2008	410.3640	923.95	44.41%
2009	460.7547	900.33	51.18%
2010	605.6677	1057.35	57.28%
2011	705.0016	1160.11	60.77%
2012	655.6119	1117.16	58.69%
2013	733.9667	1175.86	62.42%
2014	812.6820	1195.62	67.97%
2015	863.8672	1263	68.40%
2016	814.6508	1260	64.65%
2017	945.0901	1310	72.14%
2018	899.1724	1350	66.61%

资料来源：1998—2018 年《中国统计年鉴》，作者计算得出。

表 3-2　**1998—2018 年来自中国澳门地区的实际使用外资金额(亿美元)**

	澳门地区	内地	比重
1998	4.2157	454.63	0.927%
1999	3.0864	403.19	0.765%
2000	3.4728	407.15	0.853%
2001	3.2112	468.78	0.685%
2002	4.6838	527.43	0.888%
2003	4.1660	535.05	0.779%
2004	5.4639	606.3	0.901%
2005	6.0046	603.25	0.995%
2006	6.0290	630.21	0.957%
2007	6.3700	747.68	0.852%
2008	5.8161	923.95	0.629%
2009	8.1471	900.33	0.905%
2010	6.5524	1057.35	0.620%
2011	6.8043	1160.11	0.587%
2012	5.0556	1117.16	0.453%
2013	4.6020	1175.86	0.391%
2014	5.5057	1195.62	0.460%
2015	8.8540	1263	0.701%
2016	8.1756	1260	0.648%
2017	6.3738	1310	0.487%
2018	12.7987	1350	0.948%

资料来源：1998—2018 年《中国统计年鉴》，作者计算得出。

(3)中国台湾地区。

中国台湾地区是大陆吸收 FDI 的主要来源地之一。从表 3-3 可见，中国台湾在大陆投资累计实际使用外资金额为 503.6614 亿美元，2004 年以前，由于内地投资环境不断改善及中国台湾当局放宽对大陆投资限制，中国台湾对大陆投资平稳增长，年均增速稳定在 5.455%，但 2004 年后，中国台湾对大陆投资增速放缓，占比也不断下降，来自中国台湾地区的FDI占比从2005年的3.567%降到2018年的1.031%。来自中国台湾地区的投资一般规模较小，投资主体为中小企业和出口导向性企业，并以代工为主要生产形式。来自中国台湾地区的投资主要集中在东部沿海地区，尤其是珠江三角洲和长江三角洲地区。

表3-3　**1998—2018年来自中国台湾地区的实际使用外资金额(亿美元)**

年度	中国台湾地区	大陆	比重
1998	29.1521	454.63	6.412%
1999	25.9870	403.19	6.445%
2000	22.9658	407.15	5.641%
2001	29.7994	468.78	6.357%
2002	39.7064	527.43	7.528%
2003	33.7724	535.05	6.312%
2004	31.1749	606.3	5.142%
2005	21.5171	603.25	3.567%
2006	21.3583	630.21	3.389%
2007	17.7437	747.68	2.373%
2008	18.9868	923.95	2.055%
2009	18.8055	900.33	2.089%
2010	24.7574	1057.35	2.341%
2011	21.8343	1160.11	1.882%
2012	28.4707	1117.16	2.548%
2013	20.8771	1175.86	1.775%
2014	20.1812	1195.62	1.688%
2015	15.3710	1263	1.217%
2016	19.6280	1260	1.558%
2017	17.7247	1310	1.353%
2018	13.9136	1350	1.031%

资料来源：1998—2018年《中国统计年鉴》，作者计算得出。

(4)美国。

美国的对外直接投资规模是目前世界上最大的，它也是中国 FDI 主要来源地之一。1998 年至 2002 年，年均增速为 9.8%(见表 3-4)，2003 年后美国对华直接投资开始呈现下降趋势，美国直接投资以跨国公司为主体，重点投资工业，但逐渐向服务业转移，主要集中在东部沿海地区，近年来，美国对外投资出现向中西部地区推进的迹象。

表 3-4　**1998—2018 年来自美国的实际使用外资金额(亿美元)**

年度	美国	中国	比重
1998	38.9844	454.63	8.57%
1999	42.1586	403.19	10.46%
2000	43.8389	407.15	10.77%
2001	44.3322	468.78	9.46%
2002	54.2392	527.43	10.28%
2003	41.9851	535.05	7.85%
2004	39.4095	606.3	6.50%
2005	30.6123	603.25	5.07%
2006	28.6509	630.21	4.55%
2007	26.1623	747.68	3.50%
2008	29.4434	923.95	3.19%
2009	25.5499	900.33	2.84%
2010	30.1734	1057.35	2.85%
2011	23.6932	1160.11	2.04%
2012	25.9809	1117.16	2.33%
2013	28.1987	1175.86	2.40%
2014	23.7074	1195.62	1.98%
2015	20.8889	1263	1.65%
2016	23.8601	1260	1.89%
2017	26.4905	1310	2.02%
2018	26.8931	1350	1.99%

资料来源：1998—2018 年《中国统计年鉴》，作者计算得出。

(5)欧盟。

欧盟是中国 FDI 的重要来源地之一①，1998 年至 2001 年，年均增长率为 6.7%(见表 3-5)，欧盟投资项目规模大，技术含量高，其中资本、技术密集型项目占有相当的比重，主要集中在化工、石油、服务业、金融业、汽车等行业。投资区域主要在东部沿海地区，集中了欧盟 80%左右的直接投资，而中部地区占总量的 15%，西部地区仅占 5%左右。2001—2011 年，由于欧盟鼓励产业回归，同时其他的发展中国家加大引资政策的优惠力度，导致对华投资占比下滑。2012—2018 年，随着中国提出的"一带一路"倡议越来越被欧洲国家所接受，与此同时，近年来中国制造业升级转型的方向与欧盟地区制造业升级方向逻辑基本一致。进而导致欧盟国家对中国的 FDI 有所回升(杨振和杜昕然，2020)。

表 3-5　**1998—2018 年来自欧盟的实际使用外资金额(亿美元)**

年度	欧盟	中国	比重
1998	39.78	454.63	8.75%
1999	44.7906	403.19	11.11%
2000	44.7946	407.15	11.00%
2001	41.8270	468.78	8.92%
2002	37.0982	527.43	7.03%
2003	39.3031	535.05	7.35%
2004	42.3904	606.3	6.99%
2005	51.9378	603.25	7.17%
2006	54.3947	630.21	7.48%
2007	39.4529	747.68	4.72%
2008	51.1526	923.95	4.72%
2009	51.2233	900.33	5.45%
2010	55.6883	1057.35	4.85%
2011	52.6695	1160.11	4.25%
2012	53.4536	1210.731	4.41%

① 2007—2012 年为欧盟 27 国数据，2013—2018 年为欧盟 28 国数据。

续表

年度	欧盟	中国	比重
2013	65.1793	1239.11	5.26%
2014	62.2672	1285.01	4.85%
2015	66.3881	1263	5.26%
2016	88.0153	1260	6.99%
2017	82.8378	1310	6.32%
2018	104.8516	1350	7.77%

资料来源：1998—2018 年《中国统计年鉴》，作者计算得出。

(6)日本。

日本是中国 FDI 的重要来源地之一。日本对华直接投资累计实际金额超过欧盟和美国的总和，位居发达国家对华直接投资的首位。1998—2006 年期间，日本对华投资年均增长 8.36%，但 2007 年后日本对华直接投资占比开始下降，从 2007 年占对华投资总量比重的 4.8%下降到 2018 年的 2.82%(见表 3-6)。究其原因，一方面是由于中国对 FDI 产业限制增多，环境规制提高，另一方面由于中日关系恶化，导致一部分日资企业从中国撤资，使来自日本的 FDI 下滑。日本投资领域以制造业为主，并逐渐趋于多样化，在制造业内部日企主要投资于电器、机械、运输和纺织等行业。投资主要集中在东部沿海地区，在 20 世纪 80 年代主要集中在大连及周边区域，1992 年以后逐步转移至以上海为中心的长三角地区，近年来有向中西部地区转移的趋势。

表 3-6　**1998—2018 来自日本的实际使用外资金额**

年度	日本	中国	比重
1998	34.0036	454.63	7.479%
1999	29.7308	403.19	7.374%
2000	29.1585	407.15	7.162%
2001	43.4842	468.78	9.276%
2002	41.9009	527.43	7.944%

续表

年度	日本	中国	比重
2003	50.5419	535.05	9.446%
2004	54.5157	606.3	8.992%
2005	65.2977	603.25	10.824%
2006	45.9806	630.21	7.296%
2007	35.8922	747.68	4.800%
2008	36.5235	923.95	3.953%
2009	41.0497	900.33	4.559%
2010	40.8372	1057.35	3.862%
2011	63.2963	1160.11	5.456%
2012	73.5156	1117.16	6.581%
2013	70.5817	1175.86	6.003%
2014	43.2530	1195.62	3.618%
2015	31.9496	1263	2.530%
2016	30.9585	1260	2.457%
2017	32.6100	1310	2.489%
2018	37.9780	1350	2.8173%

资料来源：1998—2018 年《中国统计年鉴》，作者计算得出。

3.1.7　中国 FDI 政策的演变

1979—1982 年，中国取消了对 FDI 进入中国市场的限制，开始调整外商投资政策，并出台了《中外合资企业法》(1979)、《中外合资经营企业所得税法》(1979)。这期间投资处于试探性阶段，以短期投资为主，缺乏全面的战略。

1983—1985 年，中国通过利用外资获取国外的先进技术与管理经验，并放宽了审批权限，典型政策有《中外合资经营企业实施条例》(1983)、《关于加强利用外资工作的指示》(1983)。这期间寻求市场的投资行为开始出现，为了充分利用中国劳动力成本优势，国外资本在中国开始以合资、合作的方式来深入了解中国市场，外资在此阶段以中外合资、合作企业为主。

1986—1991 年，中国开始鼓励出口型和高科技型外商投资，典型政策有《关于鼓励外商投资的规定》(1986)、《指导吸收外商投资方向暂行规定及其目录》(1987)、《外商投资企业和外国企业所得税法及其实施细则》(1991)，这期间进入中国的跨国企业开始占领中国部分市场、亚洲本地的企业开始向中国投资；出口加工型企业数量增加，规模扩大；短期投资行为减少。

1992—1995 年，中国开始对 FDI 进行微观调控(如转移定价)，追求内外资企业竞争的公平性，并对所有制歧视进行改革。典型政策有《关于商业零售领域利用外资问题的批复》(1992)、《外资金融机构管理条例》(1994)、《建立社会主义市场经济的决定》(1992)。这期间外商开始全方位进入中国市场，跨国公司开始使用并购等方式进入中国，投资向效率导向型转变，成本的考虑进一步突出。

1996—2001 年，外资企业开始在中国享受国民待遇，部分外资在税收方面的特权被取消，流入的某些产业开始被调整和控制。典型政策有《中外合资对外贸易公司试点暂行办法》(1996)、《外商投资商业企业试点办法》(1999)、《中西部地区外商投资优势产业目录》(2000)等。这期间外资开始对中国部分行业实施垄断，对现有合资企业增资扩股，新进入的企业以独资为主。

2002—2005 年，中国开始全面开放，履行入世承诺，并完善相关法律法规，实现外资的国民待遇，引进外资逐步趋于理性化，典型政策包括：《“十五”利用外资和境外投资规划》(2001)、《修订指导外商投资方向规定及其目录》(2002)、《外国投资者并购境内企业暂行规定》(2003)，以及开放服务业等政策。这期间，外资逐步将中国市场作为全球战略的重要组成部分，并向中国转移其研发等具有核心竞争力的环节，对中国金融服务业等具有战略意义的产业大举进入。

2006 年至今，中国开始理性利用外资，从追求数量转变为追求质量，实现外资的国民待遇，从外商自主投资转向到区域导向和行业导向，典型政策有《利用外资“十一五”规划》(2006)、《关于调整部分商品出口退税率和增补加工贸易禁止类商品目录的通知》(2006)、《中华人民共和国反垄断法》(2007)，在此阶段跨国公司开始将中国作为其全球资源配置的一个重要环节，全面进入中国市场，并购成为进入中国市场的重要方式。伴随着中国经济的不断增长，FDI 政策的演变过程表明了中国对 FDI 认识的逐步深入。

3.2　中国雾霾(PM2.5)污染的现状

根据中国气象局 2010 年 1 月 20 日发布的《霾的观测和预报登记》，霾天气定义为“大量极细微的干尘粒等均匀地浮游在空中，使水平能见度小于 10 千米的空气，普遍有混浊现象”。霾污染是由人为排放的大量气体污染物，包括一次颗粒物和由气态污染物经过化学转化而形成的二次颗粒物悬浮在近地层大气中而造成的污染现象。雾霾是雾和霾的统称，雾是因水汽凝结导致水平能见度低于 1000 米的天气现象，雾的本身并不是污染。霾主要是由空气中的污染物导致，呈灰色或黄色。气象上区别雾和霾的主要依据是能见度大小和相对湿度的高低。PM2.5 对中国空气质量影响较大，在空气质量指标(AQI)中起主要作用。PM2.5 已经成为中国城市的首要大气污染物。PM2.5 污染不仅导致人体产生不良的健康效应，还会降低能见度、影响交通安全和城市景观，对农作物产量和生态系统也会产生影响。本节从世界与中国部分城市雾霾(PM2.5)污染水平、中国雾霾(PM2.5)污染发展趋势、中国区域雾霾(PM2.5)污染特征、中国雾霾(PM2.5)的主要来源、中国“治霾”政策发展历程五个角度对中国雾霾(PM2.5)污染现状进行分析。

3.2.1　中国部分城市雾霾(PM2.5)污染水平

1998 年以来，中国雾霾(PM2.5)污染在各地频繁发生，特别是京津冀、长三角，以及中部各省等地区尤为突出。2012 年 2 月开始，原中国环境保护部与国家质量监督检验检疫总局联合发布了《环境空气质量标准》(GB3095—2012)，这一版本的标准新增了 PM2.5 浓度和臭氧浓度的监测标准。2012 年 3 月，原环境保护部公布了空气质量标准“三步走”的监测实施方案，并于 2013 年启动了京津冀、长三角、珠三角等重点区域及直辖市、省会城市和计划单列市共 74 个城市、496 个监测点的 PM2.5 浓度监测。图 3-7 比较了 2010—2012 年全世界雾霾(PM2.5)污染水平。我们发现，中国是全世界雾霾(PM2.5)污染最严重的国家之一。其中，中国东中部地区多数城市的 PM2.5 浓度接近或超过 100 $\mu g/m^3$。2013 年 1 月 13 日至 14 日，北京 PM2.5 污染指数曾超过 900 $\mu g/m^3$，逼近 1000 $\mu g/m^3$。虽然南亚、西亚和北非地区雾霾(PM2.5)污染也较为严重，但其平均 PM2.5 浓度仍不及中国东、中部地区。欧美发达国家的雾霾(PM2.5)污染则非常小，一般不超过20μg/m^3。气象卫星遥感监测显示，2013年1至10月，全国共有20个省(区、市)出现持续性雾霾，几乎覆盖了整个中东部地区。

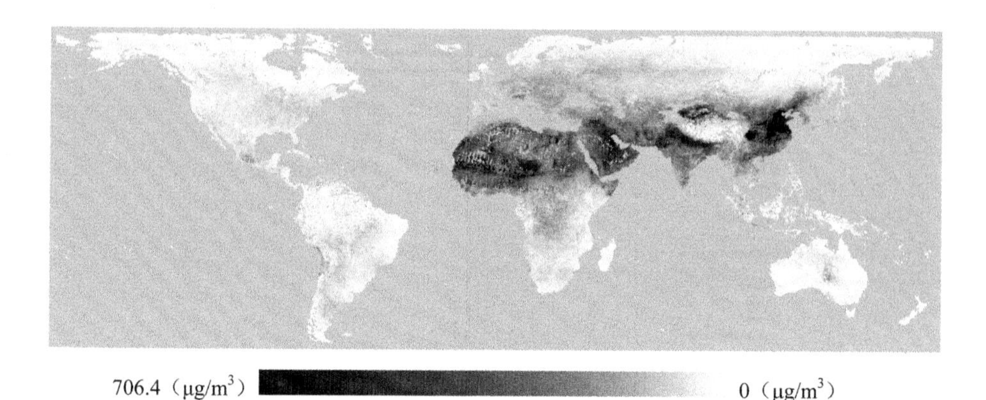

图3-7　2010—2012年PM2.5全球地图两年平均水平(μg/m^3)

资料来源：Battelle Memorial Institute. Center for International earth Science Information Network-CIESIN-Columbia University. Global Annual Averafe PM2.5 Grids from MoDIS and MISR Aerosol Optical Depth(AOD), 2001—2010.

图3-8比较了2015年世界部分大城市的雾霾(PM2.5)浓度水平。从图中可以看出中国主要城市的平均雾霾(PM2.5)浓度远高于世界其他主要城市，中国主要城市的平均雾霾(PM2.5)浓度在80~100μg/m^{3}区间，而欧洲主要城市在15~20μg/m^{3}区间，北美主要城市雾霾平均浓度则在10~15μg/m^{3}区间，表明中国在全世界范围属雾霾(PM2.5)污染最严重的区域之一。

图3-9报告了省会城市2001—2016年平均雾霾(PM2.5)浓度。根据哥伦比亚大学国际地球科学信息网络中心(CIESIN)所属的社会经济数据和应用中心(SEDAC)公布的相关数据，北京、上海、天津、石家庄、济南、郑州、合肥、成都、南京、济南是雾霾(PM2.5)污染最为严重的10个省会城市，其2001—2016年累计平均雾霾(PM2.5)浓度值均超过75μg/m^3。其中北京2001—2016年均浓度范围为54.93~95.58μg/m^3，天津为40.98~80.02μg/m^3，上海为22.358~46.7μg/m^3，广州为31.87~40.46μg/m^3，武汉为44.66~66.34μg/m^3。结合表3-9我们发现，PM2.5年均浓度逐年增高，雾霾(PM2.5)污染覆盖面积不断扩大，有“南下”趋势。

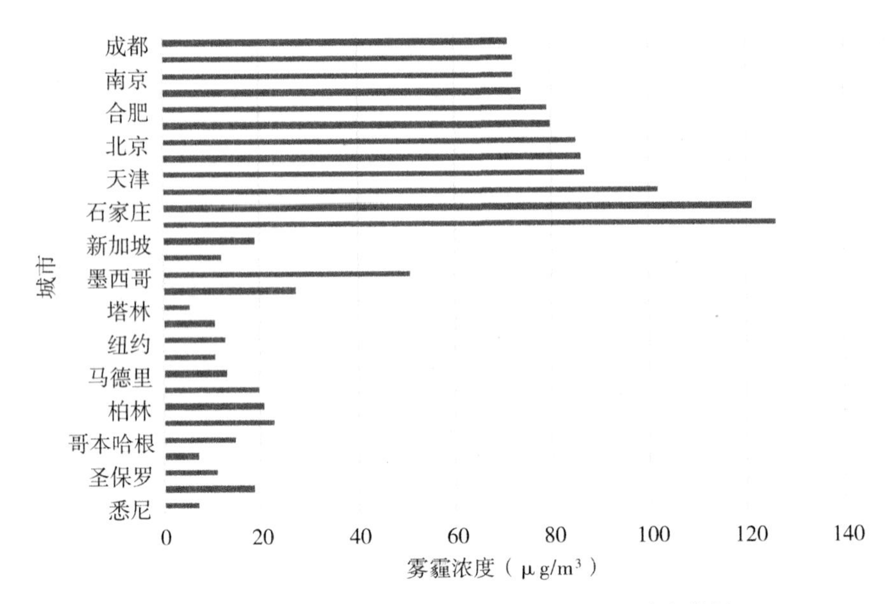

图 3-8　2015 年世界部分大城市雾霾(PM2.5)浓度数据

资料来源：世界卫生组织(WHO)公布的 PM2.5 浓度数据(http：//www.who.int/gho/phe/air_pollution_pm25_concentrations/en/)。

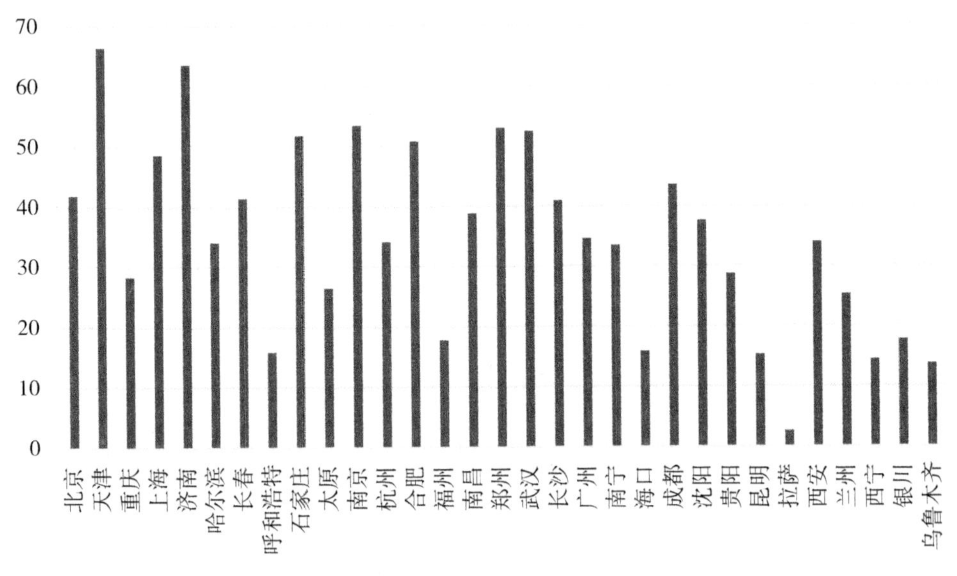

图 3-9　省份 2001—2016 年平均雾霾(PM2.5)浓度

资料来源：Battelle Memorial Institute. Center for International earth Science Information Network-CIESIN-Columbia University. Global Annual Averafe PM2.5 Grids from MoDIS and MISR Aerosol Optical Depth(AOD)，1998-2012.

3.2.2　中国雾霾(PM2.5)污染发展趋势

图3-10显示了1998—2016年全国总体雾霾(PM2.5)污染一直处于递增的趋势。1998—2000年的雾霾(PM2.5)平均浓度为32.5μg/m³，升至2006—2008年的37.67μg/m³。随后在2008—2010年期间出现了一个略微下降的趋势，从2007—2009年的36.91μg/m³降至2010—2012年的33.27μg/m³。表明世界金融危机在2008—2010年期间影响中国经济，使中国经济增速有所降低。但到了2009—2011年期间，随着经济复苏，雾霾(PM2.5)浓度又开始有所回升。2011年后，我国政府针对雾霾(PM2.5)等环境问题制定了一系列的政策措施，我国雾霾(PM2.5)浓度增长势头得到一定程度的遏制，但总体形势仍不容乐观，图3-11显示，2014—2019年全国总体雾霾(PM2.5)浓度虽有所下降，但仍保持在40μg/m³，远高于世界卫生组织所规定的雾霾(PM2.5)浓度标准。

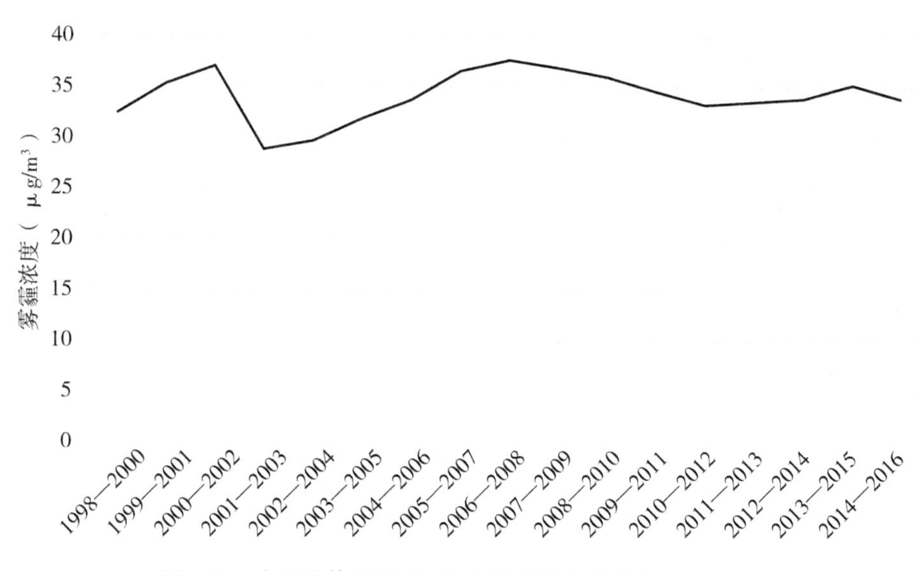

图3-10　全国总体雾霾(PM2.5)浓度增长趋势(1998—2016)

资料来源：Battelle Memorial Institute. Center for International earth Science Information Network-CIESIN-Columbia University. Global Annual Averafe PM2.5 Grids from MoDIS and MISR Aerosol Optical Depth(AOD), 1998-2012.

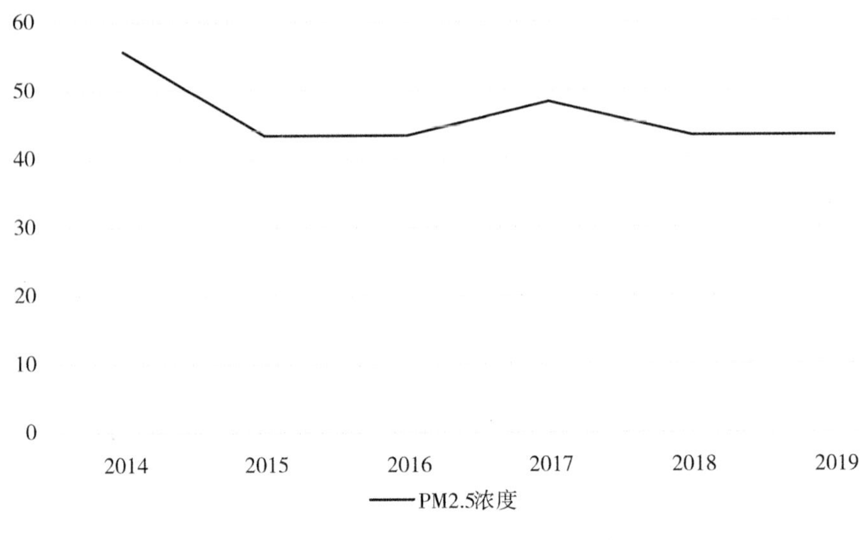

图 3-11 全国总体雾霾(PM2. 5)浓度增长趋势(2014—2019)

3. 2. 3 中国区域雾霾(PM2. 5)污染特征

本章通过 PM2. 5 浓度数据绘制了 2010 中国 29 个省、市、自治区(其中不包括重庆、我国港澳台地区、西藏，以下简称省份)雾霾(PM2. 5)浓度空间分布四分卫图，分析两者的空间分布情况来观察城市化与雾霾(PM2. 5)浓度的相关性。可以观察到中国雾霾的空间分布特征，中东部地区雾霾(PM2. 5)浓度较高，中部地区更为严重。

为更加直观地对比东、中、西部城市雾霾(PM2. 5)污染情况，我们绘制了 1998—2016 年东、中、西部城市雾霾(PM2. 5)浓度趋势对比图，依据图 3-12 我们发现相对于东部城市和西部城市，中部城市的平均雾霾(PM2. 5)浓度最高，东部城市次之，西部城市最低。

3. 2. 4 中国雾霾(PM2. 5)的主要来源

我国城市大气污染颗粒物来源复杂，包括火电厂燃煤、工业燃煤、机动车燃油、城镇居民生活和其他商业燃料等，它们均为雾霾(PM2. 5)的重要来源。大量研究表明，城市与非城市地区 PM2. 5 的主要化学组分包含碳物质(有机碳、元素

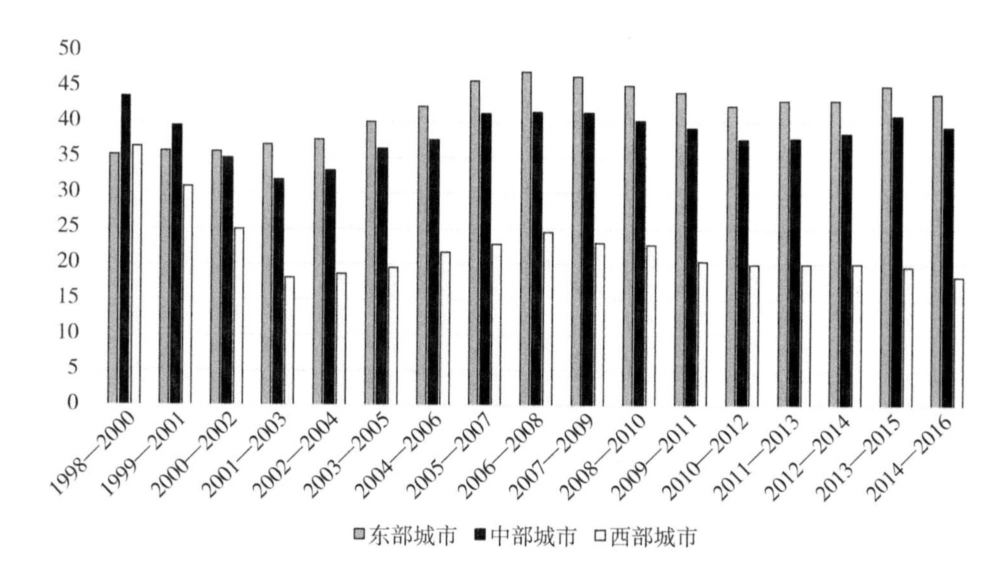

图 3-12 1998—2016 年东、中、西部城市雾霾(PM2.5)浓度趋势对比图

资料来源：Battelle Memorial Institute. Center for International earth Science Information Network-CIESIN-Columbia University. Global Annual Averafe $PM_{2.5}$ Grids from MoDIS and MISR Aerosol Optical Depth(AOD)，1998-2012.

碳)、硫酸盐、硝酸盐、铵盐、地质尘物质、氯化钠和液态水。PM2.5 及其各种组成部分的来源非常复杂，分类方法也多样。图 3-13 展示了中国 PM2.5 的行业来源，表明我国 PM2.5 主要来自工业燃煤、火电厂燃煤、其他工业污染、城镇居民和商业燃料。

3.2.5 中国“治霾”政策措施

在“治霾”政策萌芽阶段(1979—1992 年)，国家开启了法制途径下的管控。对大气污染物的排放做出了明确规定，提出未达国家标准的要限期治理、限制企业生产规模、进行技术改造并对污染严重的企业实行关停并转迁等措施。这个阶段出台的政策主要有：《中华人民共和国环境保护法(试行)》《征收排污费暂行办法》《汽车排气污染监督管理办法》和《大气污染防治法实施细则》，这些政策实施出台标志着中国大气污染防治工作正式纳入法制化管理轨道。

在“治霾”政策起步阶段(1993—2002 年)，国家倡导“科技是第一生产力”和

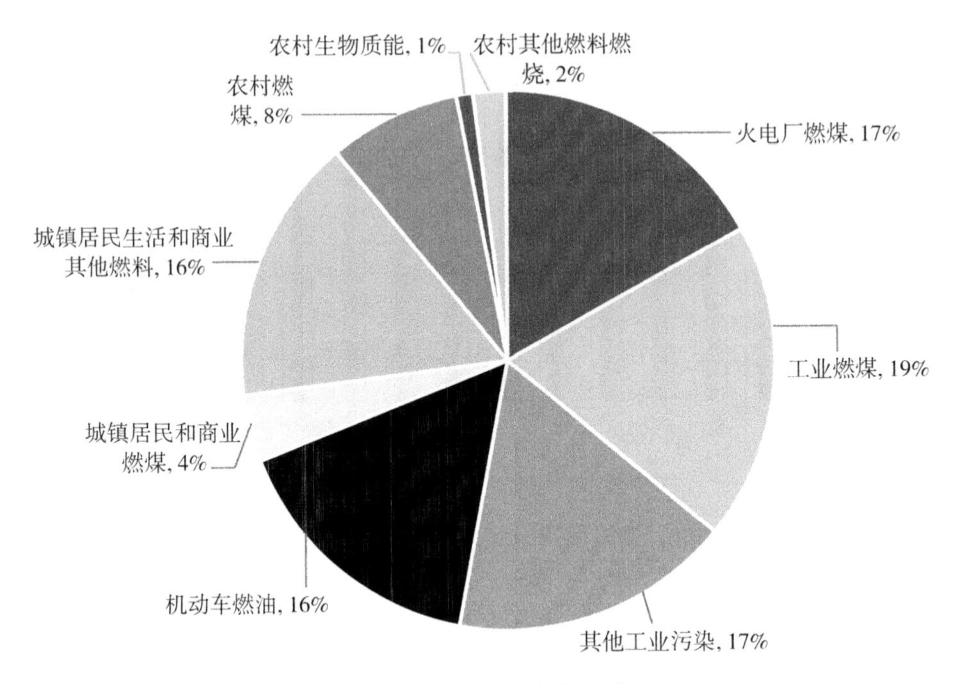

图 3-13　中国 PM2.5 的行业来源

资料来源：绿色和平组织《2015 年上半年度中国 358 座城市 $PM_{2.5}$浓度排名》(http：//www.greenpeace.org.cn/pm25-city-ranking-2015/)。

绿色发展理念，加大了大气污染防治技术研发及应用推广力度，出台了一系列雾霾(PM2.5)防治政策，如《车用汽油机排气污染物排放标准》《大气污染物的综合排放标准》和《中华人民共和国大气污染防治法》等，促进了各地区的治霾工作。

在“治霾”政策发展阶段(2003—2012 年)，国家鼓励企业走科学发展观的道路，开始重点对产业结构进行调整，落实节能减排、使用清洁能源，环保法律法规日趋完善。这个阶段出台的政策主要有：《可再生能源产业发展目录》《国务院关于进一步加大工作力度确保实现“十一五”节能减排目标意见》和《蓝天科技工程》等，加强了各地的治霾工作。

在“治霾”政策快速发展阶段(2012—2016 年)，治霾开始走向法治化的合作治理，环保部、发改委、财政部、工信部等各部委共同编制大气治理行动计划，逐渐将氮氧化物、SO_2排放纳入领导干部政绩考核范围，还明确提出空气中 PM10、SO_2、NO_2、PM2.5 年均浓度下降的目标值，标志着政策目标逐步由污染物总量控制转为环境质量改善。国家出台了如《重点区域大气污染防治“十二五”规划》《大气污染防治行动计划》《京津冀及周边地区落实大气污染防治行动计划实施细则》《十二五节能减排综合性工作方案》《环境空气质量标准》《环境空气质量指数(AQI)技术规定(试行)》《重点区域大气污染防治“十二五”规划》《大气污染防治目标责任书》《大气污染防治行动计划实施情况考核办法(试行)》和《清洁空气研究计划》等大气污染防治协作机制来促进“治霾”工作的实施。

行政命令式治霾巩固阶段(2017—),2017 年党的十九大再次提出“打赢蓝天保卫战”的口号,同时国务院发布了《中共中央国务院关于全面加强生态环境保护 坚决打好污染防治攻坚战的意见》《国务院打赢蓝天保卫战三年行动计划》等政策文件,各级地方政府也发布了诸如《上海市清洁空气行动计划(2018—2022年)》《浙江省打赢蓝天保卫战三年行动计划》等政策文件,更好地发挥中央与地方的协同作用。此阶段的治霾政策一方面强调市场规制的环境规制工具如碳排放交易机制对大气污染治理的积极作用;另一方面,推动我国环境激励机制由命令控制型向激励型转变,通过激励型的市场机制推动企业的基础创新与产业机构升级。

3.3 FDI 与中国雾霾(PM2.5)污染的关系及其相关性

3.3.1 FDI 与中国雾霾(PM2.5)污染发展趋势的关系

上文分别考察了 FDI 与中国雾霾(PM2.5)污染的发展趋势、区域分布、政策措施,接下来将对二者的关系进行定性分析。图 3-14 报告了 1998—2016 年 FDI 流量与中国雾霾(PM2.5)浓度的变化趋势,数据显示,二者在 1998—2016 年总体上呈现共同增长的趋势,特别是在 1998—2009 年,均迅速增长,变化趋势较为趋同,年均增速分别为 11.2%、5.25%。但在 2009—2012 年出现分化,年均增速变为 8.9%、-0.338%,FDI 流量继续稳步增长,雾霾(PM2.5)浓度出现回落,表明 FDI 对我国雾霾污染的负面影响开始减少。具体而言,可能是 FDI 技术效应对我国雾霾(PM2.5)污染的正向影响开始凸显。

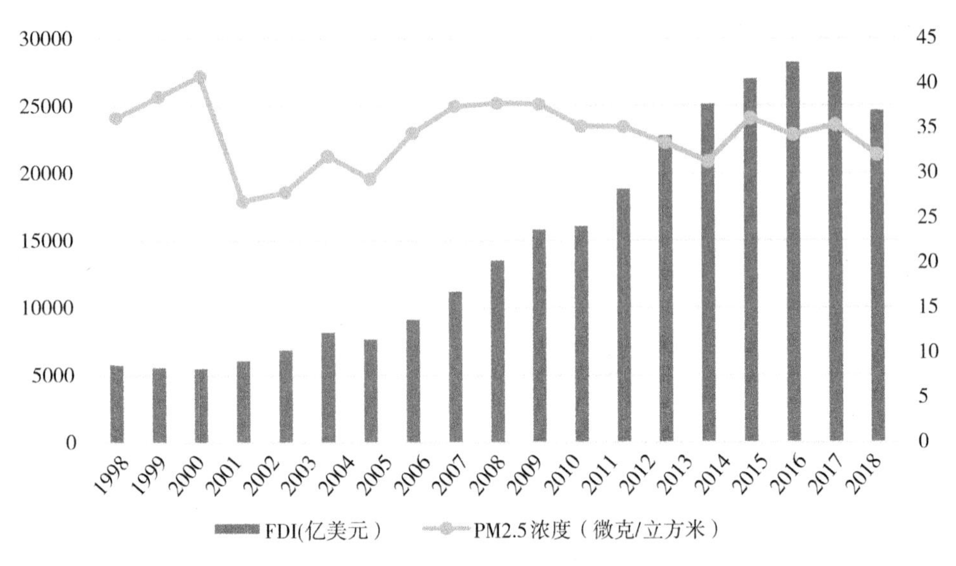

图 3-14　1998—2016 年间 FDI 流量与中国雾霾(PM2.5)浓度变化趋势

资料来源：中经网宏观年度数据库；Battelle Memorial Institute. Center for International earth Science Information Network-CIESIN-Columbia University. Global Annual Averafe $PM_{2.5}$ Grids from MoDIS and MISR Aerosol Optical Depth(AOD), 1998-2012. 作者计算得出。

3.3.2　FDI 与中国雾霾(PM2.5)污染区域分布的关系

图 3-16 报告了 1998—2016 年中国东部地区 FDI 流量与雾霾(PM2.5)浓度的变化趋势，数据显示，东部地区的 FDI 流量与雾霾(PM2.5)浓度在 1998—2008 年均保持迅速增长，年均增速分别为 9.47%、3.19%。但在 2009—2012 年间二者出现分化，其年均增速变为 9.07%、-4.72%，雾霾(PM2.5)浓度出现回落。2012 年后二者再次呈现出同步变化的态势。上文数据已显示，东部地区的 FDI 流量远超中西部地区，但东部地区的平均雾霾(PM2.5)浓度比中部浓度更低。我们认为 FDI 与中国雾霾(PM2.5)污染可能确实存在相关性，且由于东部地区 FDI 结构相对更合理、环境规制水平较高、FDI 技术溢出效应使东部地区平均雾霾浓度较中部地区更低。国内外较多学者的研究结论与我们初步猜测的观点相似，如 Chudnovsky 和 lopez(1999)认为由于跨国企业在东道国会执行与投资国一致的环境标准，所以跨国企业推行的环保标准在东道国产生了“加州效应”，使东道国

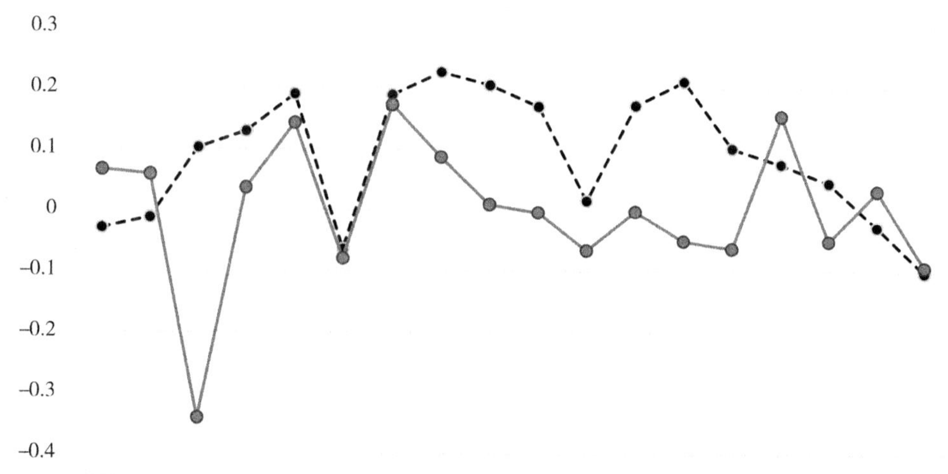

图 3-15　1999—2016 年间 FDI 流量与中国雾霾(PM2.5)浓度增速趋势图

资料来源：中经网宏观年度数据库；Battelle Memorial Institute. Center for International earth Science Information Network-CIESIN-Columbia University. Global Annual Averafe $PM_{2.5}$ Grids from MoDIS and MISR Aerosol Optical Depth(AOD)，1998-2012. 作者计算得出。

的清洁技术有所提升。Xian(1999)的研究发现跨国公司进入东道国后，可以提高东道国的环境规制，从而带动中国环保技术的进一步发展，成为中国环境改善的重要因素。Borregaard 和 Dufey(2002)发现外资企业的技术优势和较高的环境管理水平有助于当地环境污染水平的降低。Eskeland 和 Harrison(2003)也发现跨国公司较普遍地在东道国传播并推广绿色技术，并实施与母国一致的环境标准，从而减少当地的污染。还有 Blackman 和 Wu(1998)研究发现在与拥有先进技术和较高环境管理水平的跨国企业的竞争中，中国电力企业提高了能源利用率，降低了污染排放。Wang 和 Jin(2007)认为外资通过高于我国标准的清洁环保技术，使外资企业对环境的负面影响比国有企业和私有企业小，而且能源利用率更高。

图 3-17 报告了 1998—2016 年中国中部地区的 FDI 流量与雾霾(PM2.5)浓度的变化趋势，数据显示，中部地区的 FDI 与雾霾(PM2.5)浓度在 1998—2009 年均保持迅速增长，年均增速分别为 11.19%、6.6%。但在 2009—2012 年，二者出现分化，其年均增速分别为 8.13%、-0.797%，雾霾(PM2.5)浓度出现回落。

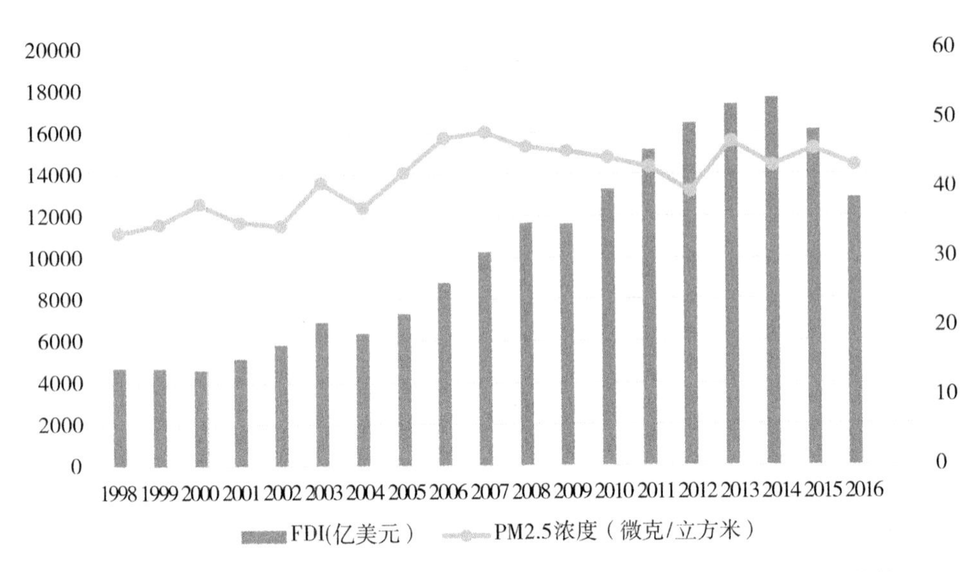

图 3-16　1998—2016 年间中国东部地区 FDI 流量与雾霾(PM2.5)浓度变化趋势

资料来源：中经网宏观年度数据库；Battelle Memorial Institute. Center for International earth Science Information Network-CIESIN-Columbia University. Global Annual Averafe $PM_{2.5}$ Grids from MoDIS and MISR Aerosol Optical Depth(AOD), 1998-2012. 作者计算得出。

2012—2016 年雾霾(PM2.5)浓度出现了小幅度回升，与 FDI 基本保持同步增长态势。其年均增速分别为 11.3%、0.52%。图 3-18 报告了 1998—2016 年中国西部地区 FDI 流量与雾霾(PM2.5)浓度的变化趋势，数据显示，中国西部地区的 FDI 流量与雾霾(PM2.5)浓度在 1998—2012 年间均保持增长趋势，二者增速分别为 12.43%、2.8%，在此期间，两者未出现明显分化。2012 年后中国西部地区的 FDI 流量与雾霾(PM2.5)浓度开始出现分化，西部地区的雾霾(PM2.5)浓度开始逐渐下降。

从图 3-19 我们可以发现，1999—2010 年东部地区 FDI 增速与雾霾(PM2.5)浓度增速变化趋势基本相同，我们认为 FDI 增速与雾霾(PM2.5)增速具有一定的相关性。2010—2012 年，随着我国东部地区吸引的 FDI 的质量的不断提高以及我国政府相关政策出台的，二者出现分化。其年均增速变为 9.07%、-4.72%，雾霾(PM2.5)浓度出现回落。2012 年后二者增速呈现出负相关的特征。相较于东部地区，我国中、西部 FDI 与雾霾(PM2.5)增速的趋同变化效应更加明显，从图 3-20、图 3-21 我们可以发现，1999—2011 年中、西部地区的 FDI 增速与雾霾(PM2.5)

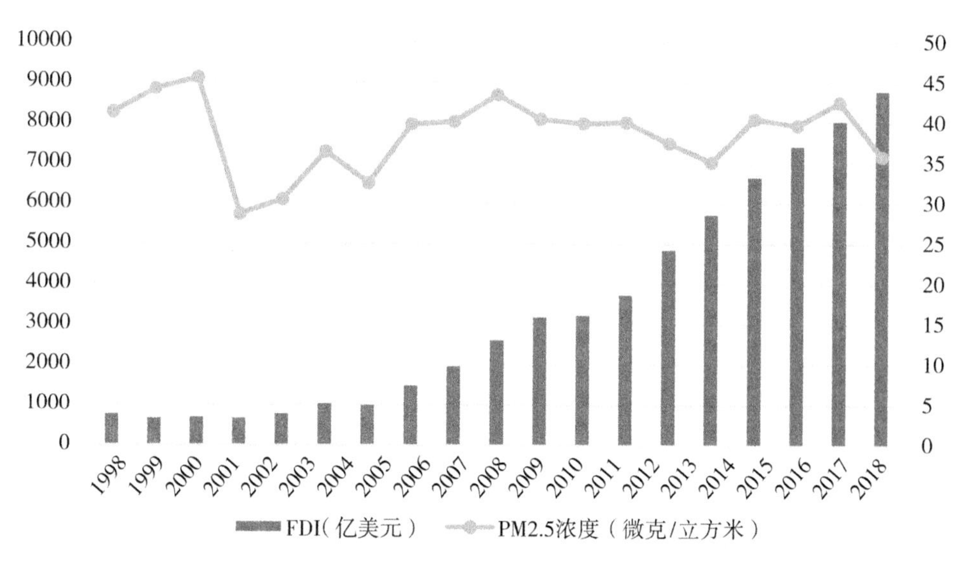

图 3-17 1998—2016 年间中国中部地区 FDI 流量与雾霾(PM2.5)浓度变化趋势

资料来源：中经网宏观年度数据库；Battelle Memorial Institute. Center for International earth Science Information Network-CIESIN-Columbia University. Global Annual Averafe $PM_{2.5}$ Grids from MoDIS and MISR Aerosol Optical Depth(AOD)，1998-2012. 作者计算得出。

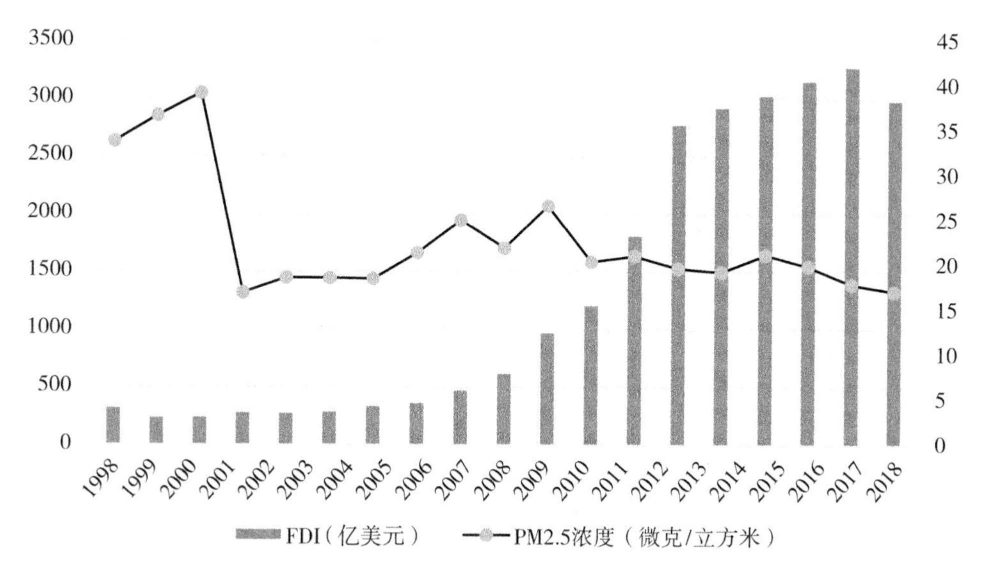

图 3-18 1998—2016 年中国西部地区 FDI 流量与雾霾(PM2.5)浓度变化趋势

资料来源：中经网宏观年度数据库；Battelle Memorial Institute. Center for International earth Science Information Network-CIESIN-Columbia University. Global Annual Averafe $PM_{2.5}$ Grids from MoDIS and MISR Aerosol Optical Depth(AOD)，1998-2012. 作者计算得出。

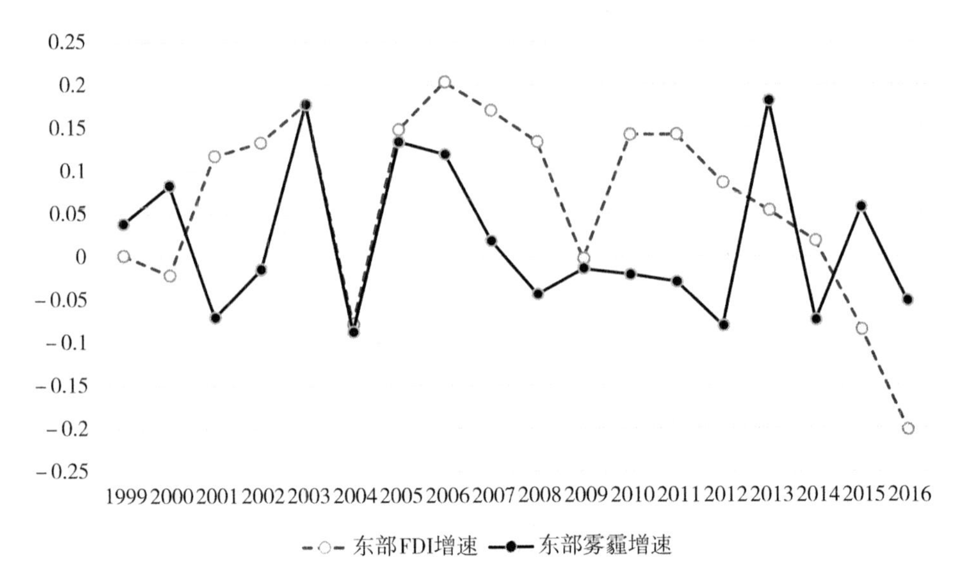

图 3-19 1998—2016 年间中国东部地区 FDI 流量与雾霾(PM2.5)浓度增速变化趋势

资料来源：中经网宏观年度数据库；Battelle Memorial Institute. Center for International earth Science Information Network-CIESIN-Columbia University. Global Annual Averafe $PM_{2.5}$ Grids from MoDIS and MISR Aerosol Optical Depth(AOD), 1998-2012. 作者计算得出。

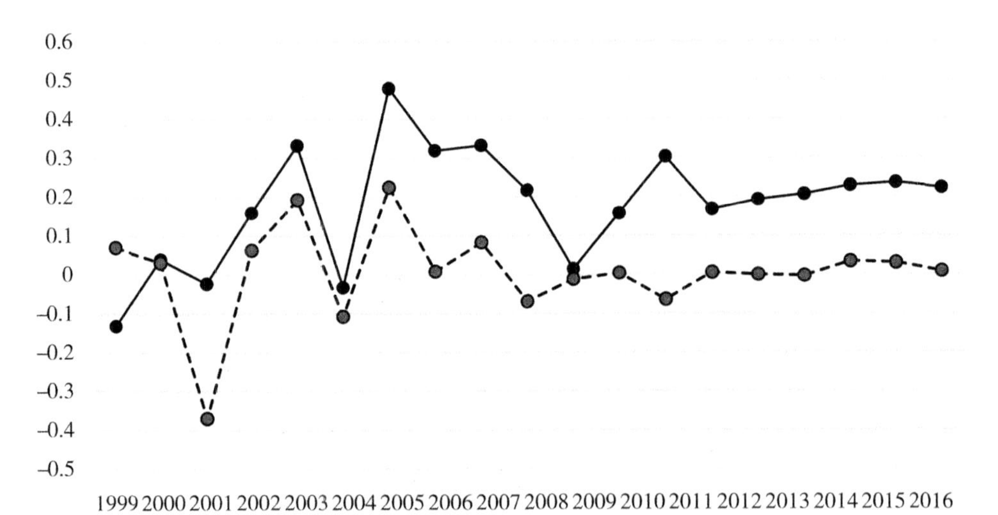

图 3-20 1998—2016 年间中国中部地区 FDI 流量与雾霾(PM2.5)浓度增速趋势

资料来源：中经网宏观年度数据库；Battelle Memorial Institute. Center for International earth Science Information Network-CIESIN-Columbia University. Global Annual Averafe $PM_{2.5}$ Grids from MoDIS and MISR Aerosol Optical Depth(AOD), 1998-2012. 作者计算得出。

增速趋同变化的趋势更加明显，在此期间中部地区FDI与雾霾(PM2.5)增速分别为11.19%、6.6%，西部地区的FDI与雾霾(PM2.5)增速分别为12.43%、2.8%。但在2012年后，中部地区和西部地区情况发生了变化，中部地区FDI与雾霾(PM2.5)增速的趋同效应仍比较明显，西部地区二者开始出现分化，西部地区的雾霾(PM2.5)浓度开始逐渐下降。二者增速分别为0.49%、-2.93%。

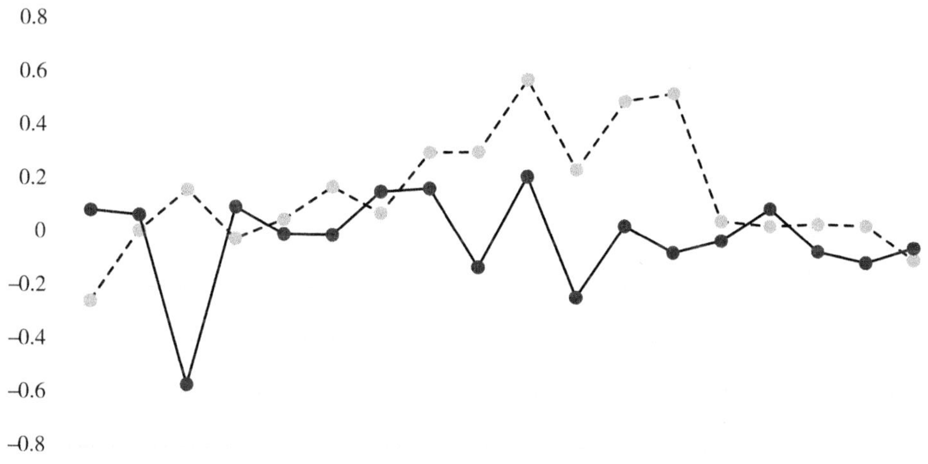

图3-21　1998—2016年间中国西部地区FDI流量与雾霾(PM2.5)浓度增速趋势

资料来源：中经网宏观年度数据库；Battelle Memorial Institute. Center for International earth Science Information Network-CIESIN-Columbia University. Global Annual Averafe $PM_{2.5}$ Grids from MoDIS and MISR Aerosol Optical Depth(AOD), 1998-2012. 作者计算得出。

我们发现，中部地区的FDI流量虽然远小于东部地区，但中部地区的平均雾霾(PM2.5)浓度却高于东部地区，表明可能由于中部地区FDI结构的不合理和环境规制水平较弱，导致中部地区雾霾(PM2.5)浓度较东、西部地区高。Esty(1995)认为环境规制较高的国家和地区比环境规制较低的国家具有明显的劣势，企业为了保证产品的综合竞争力，会将污染密集型产业向环境规制较低的国家或地区进行转移。Markusen(1999)认为发展中国家在经济发展水平较低时，为了保持进一步的经济增长，会通过降低环境规制和“肮脏产业”来吸引更多的外资流入以促进经济增长，从而使发展中国家沦为发达国家的“污染避难所”。所以，

FDI 有可能通过污染产业转移的方式，使东部地区的 FDI 结构趋于合理，而中西部可能由于承接了污染产业的转移，以及放松了对环境的管制，从而成为发达国家(地区)的“污染避难所”。

从上述分析，我们发现东、中、西部地区的 FDI 与雾霾(PM2.5)污染发展趋势存在差异，而且在 1998—2012 年出现不同程度的分化趋势，但 FDI 是否影响我国东、中、西部地区的雾霾(PM2.5)浓度水平的因素还有待检验。为了进一步证实 FDI 与中国雾霾(PM2.5)污染之间的关系，下文将采用实证分析加以研究和证明。

3.4　本章小结

本章首先从 FDI 的发展阶段、区域分布、投资方式、投资结构、FDI 政策变化历程、来源地结构、FDI 主要来源地特点七个角度对 FDI 的现状进行简要的描述性分析。发现我国 FDI 呈现以下特征：

第一，FDI 发展阶段方面，FDI 在我国的发展可分为三个阶段，1979—1984 年为 FDI 起步阶段，FDI 所占比重很小；1985—1991 年为稳定发展阶段，这一时期外资流入明显加快；1992—2015 年 FDI 流入量进一步加快，并开始从重视外商投资规模向重视外商投资结构转变。目前中国引进 FDI 规模稳定，增速稳中趋缓。

第二，FDI 来源地结构方面，中国港澳台地区是中国内地引资的最主要来源，而欧美和亚洲其他地区的 FDI 逐年下降，规模相对较小。其中我国香港地区一直是吸引 FDI 的最主要来源地，是最大投资来源地。港资一直呈上升趋势，且投资项目规模偏小，其中投资主体中小企业非常活跃。来自我国澳门地区的投资项目规模并不大，但跨境工业合作稳步推进，服务业投资领域进一步扩宽。我国台湾地区的投资特点是规模小，以中小型和出口导向型企业为主，并以代工为主要生产形式，近年来台资增速有下降趋势。来自美国的投资近年来有规模下降、向中西部地区推进的趋势。欧盟的投资区域主要集中在东部沿海地区，1998 年以来，欧盟投资增速有所下降，主要由于欧美国家鼓励产业回归，同时其他发展中国家加大了引资政策的优惠力度，使得我国引资面临激烈竞争。日本对华直接投资实际金额位居发达国家首位，但2007年后增速开始下降。

第三，FDI区域分布方面，我国东部地区因基础设施较为完善、人力资源丰厚、产业配套能力较强、地理位置优越等特点，成为FDI的主要集中地区。1998—2018年，东、中、西部FDI同步增长，但流入东部的FDI流量和比重远大于中西部地区。FDI有向中西部转移的趋势，中西部地区将以制造业为主，东部地区则将以现代服务业、高新技术产业和战略性新兴产业为主。

第四，FDI投资方式方面，中国引进FDI主要有三种方式：中外合资、中外合作、外商独资。1998年到2018年FDI的投资方式发生了巨大变化，在我国吸引外资初期，由于我国与外商投资的相关的法律法规还不够完善，外商投资主要以中外合资的方式为主，随着我国相关法律的不断完善，特别是2001年后我国加入WTO，使得我国吸引外资的规模迅速增长，投资方式也由中外合资为主转为外商独资为主。截止到2018年，我国外商独资所占份额达到当年FDI流量的70%以上。外资也由收入享受为主的低风险敏感型投资向以所有权为主的高风险敏感型投资转变。

第五，FDI产业结构方面，中国吸收FDI的增速稳中趋缓，但质量在不断提升，产业结构在不断优化，主要表现在FDI制造业投入比例在不断下降，服务业比例在不断上升，制造业FDI则由传统的劳动密集型向技术和资本密集型转化。

接着，本章从中国部分城市雾霾(PM2.5)污染水平、中国雾霾(PM2.5)污染发展趋势、中国区域雾霾(PM2.5)污染特征、中国PM2.5的主要来源、中国“治霾”政策发展历程五个角度对中国雾霾(PM2.5)污染现状进行分析。得出以下结论：

第一，中国至今仍是全世界雾霾(PM2.5)污染最严重的国家之一，我国主要城市的雾霾(PM2.5)浓度远高于世界其他城市，全国总体雾霾(PM2.5)浓度一直处在递增趋势。PM2.5年均浓度逐年增高，雾霾(PM2.5)污染覆盖面积不断扩大，有“南下”趋势。

第二，我国城市雾霾(PM2.5)污染物来源复杂，主要包括火电厂燃煤、工业燃煤、机动车燃油、城镇居民生活和其他商业燃料等。

第三，中国“治霾”政策主要经历了四个阶段，1979—1992年为萌芽阶段，在这一时期国家开启了法制途径下的管控；1993—2002年为起步阶段，在这一时期国家倡导“科技是第一生产力”和绿色发展的理念，加大了大气污染防治技术研发及应用推广力度；2003—2012 年为发展阶段，在这一时期，开始重点对产业结构进行调整，落实节能减排、使用清洁能源，环保法律法规日趋完善；2012—2015 年，在这一时期，治霾开始走向法治化的合作治理，政策目标逐步由污染物总量控制转为环境质量改善。2015—2020 年，这一时期主要是“治霾”成果巩固阶段，十九大提出推进我国治理体系和治理能力现代化，要求政府通过发挥自己的政策制定者职能，根据企业的排放标准和排放量，针对性的制定税收政策和奖惩措施，通过行政命令型和市场型相结合的奖惩机制引导企业进一步承担环境治理的社会职责，同时积极发挥媒体倡议功能，引导公众观念改变。

然后，我们通过观察 1998—2016 年 FDI 与中国东、中西部地区部地区的雾霾(PM2.5)浓度数据以及 FDI 和雾霾(PM2.5)浓度增速的变化趋势，我们发现 FDI 与中国雾霾(PM2.5)浓度在 1998—2012 年呈现共同增长的趋势，同时二者的增速也呈现出同步变化的特征，2012—2016 年 0FDI 与雾霾(PM2.5)浓度呈现出相反的变化趋势，FDI 增速逐渐下降，并且在 2014 年后出现负增长的现象，反观雾霾(PM2.5)增速变化并不具有规律，在 FDI 负增长的情况下雾霾(PM2.5)浓度却有所上升。东、中西部地区的 FDI 与雾霾(PM2.5)污染发展趋势存在差异，而且在 2008—2012 年出现不同程度的分化趋势。2012 年后东、中西部的差异变得更加明显。1999—2012 年东、中西部地区之间的 FDI 与雾霾(PM2.5)增速差异不明显，在此期间东、中西部地区二者增速均表现出较强的趋同变化现象，但在 2012 年后出现分化，东部地区 FDI 与雾霾(PM2.5)增速趋同变化的现象并不明显，中西部地区 FDI 与雾霾(PM2.5)增速变化具有比较明显的趋同现象。本章从定性的角度分析了 FDI 与中国雾霾(PM2.5)污染的相关性，为下文的定量分析打下基础。

随着 FDI 在华规模不断扩大，“一揽子”要素转移也随之加快，中国资源承载能力和生态环境压力不断加大。随着经济发展和生产技术创新，雾霾中未知的污染物和新型有毒物质所带来的健康危害和环境风险也在不断增加，环境质量不断恶化。那么，外资的引入是否加剧了中国雾霾(PM2.5)污染？为了回答这个问题，下一章将利用静、动态空间计量模型来反映 FDI 与中国雾霾(PM2.5)污染的空间依赖性以及 FDI 对中国雾霾(PM2.5)污染的影响。

第4章　中国雾霾(PM2.5)的库兹涅茨曲线

自2013年1月中旬以来，全国17个省市共6亿多人受到雾霾危害，全国只有20.5%的城市空气质量达标。因此，改善环境、降低雾霾污染、保持经济增长在合理的区间运行，已经是国人的共识。所以，要实现“2025年经济增长保持6.5%和PM2.5浓度在2013年的基础上下降30%的大气防治双赢目标”是当前政府和学界共同面临的重大现实问题。国内外较多的学者借助于环境库兹涅茨曲线框架来分析经济对大气环境污染的影响，如国外学者Stern和Common(1998)、Grossman和Krueger(1995)、List和Gallet(1999)等认为空气污染物与人均收入之间呈现倒U形关系。Kaufmann等(1998)认为人均收入与空气污染物NO_x、SO_2、TSP之间呈现U形曲线关系。Panayotou(1993)发现人均收入和SO_2之间呈现旋转J形曲线，而旋转J形曲线表明，SO_2浓度是人均收入的递减函数，直到到达拐点之后，SO_2成为人均收入的递增函数。Galeotti和Lanza(1999)、Shafik(1995)、Holtzand Selden(1994)认为，空气污染物的走势不一定会按照原来曲线预测的方式继续，不同的空气污染物的库兹涅茨曲线不同。目前国内文献中，对于雾霾(PM2.5)库兹涅茨曲线和经济影响因素的研究日益丰富。如邵帅、李欣(2016)采用省级面板数据，利用空间面板模型的系统结合广义矩估计方法对雾霾污染的库兹涅茨曲线进行了识别，认为经济增长与雾霾均存在显著的正U形曲线关系。何枫、马栋栋(2016)利用Tobit模型对工业化对雾霾污染的影响进行了实证考察，提出雾霾污染与经济增长之间呈现N形曲线关系。王红、齐建国(2013)从技术经济学视角探讨了中国持续重度雾霾的自然和社会成因及发展趋势。马丽梅、张晓(2015)采用空间滞后模型和空间误差模型考察了2001—2010年中国31个省份雾霾污染的空间相关性，以及经济增长和能源结构对雾霾污染造成的影响。向堃、宋德勇(2015)采用非空间交互模型和空间杜宾模型研究了雾霾污染的经济动因。陈诗一、陈登科(2016)在能源结构、雾霾治理与可持续增长中认为煤炭消耗是雾霾污染物PM2.5的首要贡献者。能源结构的合理化不会自发形成，需要政府的合理补贴。

上述文献从国家层面对雾霾污染进行了经验考察和研究，为宏观治霾政策提供了丰富的经验成果，但相比之下，城市层面的治霾经验研究还十分匮乏，这种“短板”现象影响了治霾政策的系统性和完整性。因为全国层面的环境库兹涅茨曲线是基于全国所有城市的同质性假设，而这一同质性假设隐含着一个重要条件，即假设不同城市的环境影响因素和轨迹应该是趋同的，默认在同一经济发展阶段，环境影响因素的大小和方向在所有城市是一致的。但假设否认了中国东、中、西部城市在地理位置、产业结构、技术发展水平、市场成熟度、基础设施投入、资源禀赋等方面的差异，而中国地域辽阔，东、中、西部地区在经济发展层次、速度、水平、结构以及技术吸收能力、政策背景等方面都存在较大差异。因此，考察区域间雾霾(PM2.5)库兹涅茨曲线的“异质性”来完善区域化的“治霾”政策至关重要。为准确考察区域间的雾霾(PM2.5)库兹涅茨曲线，本书做了如下三个方面的工作：第一，现有文献较多采用的是省级面板数据，缺乏地级市数据来对雾霾(PM2.5)库兹涅茨曲线进行区域的实证研究。因此，本书利用由哥伦比亚大学社会经济数据和应用中心公布的、基于气溶胶光学厚度(AOD)的卫星监测数据转化而成的栅格数据进行解析，准确得到了1998—2012年中国内地241个城市的PM2.5浓度年均值数据，解决了地级市PM2.5历史数据缺失的问题，为开展经验研究提供了可靠的依据。第二，利用探索性空间数据分析检验了中国241个城市雾霾(PM2.5)污染全局和局域的空间相关性。并基于系统广义矩估计(SGMM)结合PM2.5库兹涅茨曲线(EKC)得到全国样本和区域样本的动态空间滞后模型(SLM)的估计结果。

采用动态空间面板模型结合系统广义矩估计(SGMM)方法不仅可以减少由于控制变量设置的不全面所导致的被解释变量未被完全控制和测量误差的问题，还可以控制被解释变量和解释变量相互影响等问题。同时结合广义矩估计(GMM)法可以减少由于大气环流或大气化学作用等自然因素所导致的内生性问题，从而提高模型的估计精度。同时，结合实证分析中的产业结构、政府投入、技术投入、煤炭消费、FDI、绿化面积覆盖率等因素，对东、中、西部城市的库兹涅茨曲线进行异质性分析。在实证结果的分析基础上，再从不同阶段的“治霾”政策效果角度进一步证实中国区域雾霾库兹涅茨曲线的异质性。上述一系列的分析和探索性研究工作以期考察中国雾霾污染的空间特征，发现中国雾霾库兹涅茨曲线区域的异质性，探寻影响“治霾”政策效果差异的关键因素，为制定与当地经济社会发展相适宜的“治霾”政策和健全雾霾防治政策的评价工作提供经验支持。

4.1　模型构建和数据来源

Shafik 和 Bandyopadhyay(2014)认为，雾霾(PM2.5)的环境库兹涅茨曲线检验模型应该先设定为三次方的形式，在三次方形式不显著的情况下，再剔除三次方项，检验二次方形式；如果二次方形式不显著，则为线性关系。在这种方法下，环境库兹涅茨曲线便不仅仅局限于 U 形或倒 U 形的曲线形状，还有可能为 N 形、倒 N 形等形状。同时，由于 STIRPAT 模型可以用来研究人类活动对环境的影响，并广泛作为分析环境变化驱动因素的模型，其特点在于在分析某变量变化时，可以控制其他解释变量对因变量的影响。同时，STIRPAT 模型允许对各影响因素进行适当分解，为研究各类环境因素对环境变量的影响提供了理论依据。STIRPAT 模型可以控制各类经济变量对 PM2.5 浓度影响，如人均 GDP、第二产业比重变化、技术进步、能源结构、人口密度、交通运输量的变化对因变量的影响，克服了经济增长对 PM2.5 浓度所产生的内生性影响。因此，本书以 PM2.5 浓度作为环境压力对象，在 STIRPAT 模型中加入外商直接投资、环境规制、政府投入、技术进步、产业结构、能源消费、园林绿地面积等控制变量来分析 PM2.5 库兹涅茨曲线的影响，这样兼顾了理论和实证的一致性和必要性。基于以上分析，扩展后的面板 STIRPAT 模型为：

$$\ln \mathrm{PM}_{it} = \beta_0 + \beta_1 \mathrm{lnagd}\,p_{it} + \beta_2 (\mathrm{lnagd}\,p_{it})^2 + \beta_3 (\mathrm{lnagd}\,p_{it})^3 + \beta_4 \mathrm{ln}fd\,i_{it} + \beta_5 \mathrm{reg}_{it} + \beta_6\, gov_{it} + \beta_7 \mathrm{tech}_{it} + \beta_8 \mathrm{is}_{it} + \beta_9 \mathrm{lnec}_{it} + \beta_{10} \mathrm{lngl}_{it} + \mu_{it} \tag{4.1}$$

(4.1)式中，lnpm_{it} 表示第 i 个地区第 t 个时期的PM2.5浓度，reg_{it} 为第 i 个地区的环境规制水平、gov_{it} 为第 i 个地区的政府财政投入(科技投入除外)、is_{it} 为第 i 个地区的第二产业增加值比例、tech_{it} 为第 i 个地区的技术研发强度、ec_{it} 为第 i 个地区的煤炭消费量，gl_{it} 为第 i 个地区的园林绿地面积，μ_{it} 为正态分布的随机误

差项。

被解释变量：雾霾 PM2.5 浓度(pm)。本书所采用的源数据来自于哥伦比亚大学国际地球科学信息网络中心(CIESIN)所属的社会经济数据和应用中心(SEDAC)公布的相关数据，该数据以卫星搭载的中分辨率成像光谱仪(MODIS)和多角度成像光谱仪(MISR)测算得到的气溶胶光学厚度(AOD)为基础，被转化为栅格数据形式的全球 PM2.5 浓度的监测数据。我们进一步采用 ArcGIS 软件将此栅格数据解析为中国内地 241 个城市的年均 PM2.5 浓度数据(不包括西藏的数据)。由于该机构公布的 1998—2012 年的 PM2.5 的数据是 3 年的滑动平均值，所以，本书将其他解释变量也做了 3 年的滑动平均处理。

核心解释变量：人均收入(agdp)。人均地区生产总值代表了各城市的经济增长水平。本书采用的人均国内地区生产总值数据是以 1998 年为基年经过 GDP 平减指数调整后的实际人均 GDP，表征不同经济规模下经济增长对雾霾浓度的影响。

控制变量：(1)产业结构(is)。一般来说，一个城市的第二产业比重与能源弹性系数为正比例关系。产业结构反映了生产活动的污染密集性，对雾霾污染具有重要影响。故本书选择第二产业增加值占 GDP 比重来反映产业结构的变化对雾霾浓度的影响。

(2)煤炭消费(ec)。在其他条件不变的情况下，能耗的增长自然会导致雾霾浓度的较快增长。而雾霾污染(PM2.5)主要来源于化石燃料的使用，其中较大一部分源自煤炭燃烧，本书选择各城市的煤炭消费量，用于反映能源消费对雾霾(PM2.5)污染的影响。

(3)技术投入(tech)。技术进步是实现雾霾治理的长期决定因素。技术研发的投入偏好在很大程度上决定了技术进步对雾霾污染的影响方向，如果研发行为和技术进步是以治污减排为主导的，就将有利于雾霾污染的改善。该指标从投入型变量的角度衡量了各城市技术投入。本书利用城市的科学事业费支出来表征技术投入对雾霾浓度的影响，并基于 1998 年不变价，经过 GDP 平减指数调整后得到。

(4)地方政府支出(gov)。国家采取财政、税收、价格、政府采购等方面的政策和措施来支持雾霾的治理，体现了国家财政投入对“治霾”的支持力度。本书采用地方政府财政支出(不包括科技支出)来表示政府行政干预程度，并基于1998年不变价，经过GDP平减指数调整后得到(卢进勇等，2014)。

(5)外商直接投资(FDI)。FDI的注入填补了中国经济发展过程中的资金缺口，从而推动了中国经济的发展，被认为是中国经济增长奇迹的基础驱动因素。为了检验FDI对中国城市雾霾浓度的影响，本书利用各城市实际利用外资额来表征FDI流量变化来考察FDI对雾霾污染的影响，并基于1998年不变价，经过GDP平减指数调整后且经过当年汇率换算后的实际外商直接投资额。

(6)绿地面积(gl)。雾霾产生原因主要有建筑工地扬尘、供暖火电站燃煤废气排放、汽车尾气排放、工业喷涂排放、工厂生产过程排放等，而绿化面积覆盖率表征了城市的生态自我恢复能力和城市公共设施的污染吸纳能力，增加绿化植被可以吸附空气中的二氧化硫和粉尘等有毒物质。故本书选用城市绿地面积覆盖率来反映其对雾霾浓度的影响。

以上控制变量数据覆盖时间为1998—2012年，为与雾霾浓度数据相匹配，故将1998年数据至2012年数据进行3年平滑处理，最终选定241个城市的平均数据。以上数据均来源于《中国城市统计年鉴》和《中国统计年鉴》。表4-1报告了处理后的各变量的描述统计情况。

表4-1　　变量的统计性描述

	样本量	平均值	标准差	最小值	最大值
pm($\mu g/m^3$)	3133	50.3424	25.02639	5.716538	128.2011
agdp(元/人)	3133	16164.39	13010.96	0	134076.8
fdi(元)	3133	240490.3	572152	0	5297303
gl(%)	3133	33.91929	14.77636	0	379.9333
tech(元)	3133	13073.18	67873.74	0	1410444
gov(元)	3133	715029	1437467	0	2.24E+07
is(%)	3133	49.12848	11.90794	0	90.69
ec(吨)	3133	8958.31	7485.72	565.7333	38827.14

资料来源：作者计算得出。

4.2 实证结果分析

4.2.1 PM2.5 浓度探索性空间分析

4.2.1.1 全局空间自相关检验

在运用空间计量模型进行分析之前，需要对被解释变量 PM2.5 的空间相关性进行测度。一般确定空间相关性有两种类型：第一种是全局空间自相关检验，用于检测数据在整个空间系统的自相关性。第二种是局域空间自相关检验，用于检测样本各地区的 PM2.5 浓度的空间布局，体现空间集聚性以及与相邻地区的关联性。全局空间自相关测算方法一般利用 Moran's I 指数和 Geary's C 指数进行测度。在 Moran's I 指数以及 Geary's C 指数中，本书利用了距离衰减法构建的地理距离权重矩阵(W_1)，并结合地理距离权重矩阵和经济地理距离权重矩阵构建了经济地理距离权重矩阵(W_3)和经济地理嵌套权重矩阵(W_4)对 PM2.5 浓度的全局空间自相关性进行测度。其构造原则为：

$$w_1 = \begin{cases} I/d^2, & i \neq j \\ 0, & i = j \end{cases}$$

其中 d 为两地区地理中心位置之间的距离。我们借鉴邵帅、李欣(2016) 的矩阵构建方法构建了经济距离空间权重矩阵 $W_2 = 1/(|y_i - y_i| + 1)$，$y_i$ 表示 i 区域人均 GDP，经济地理权重矩阵 $W_3 = W_1 \times W_2$，表示两地区省会距离平方倒数与省区人均 GDP 差值的绝对值的倒数的乘积。其中 W_3 考虑了经济因素影响，使空间权重矩阵可以更加客观准确地反映不同城市间除了地理分布因素之外，经济距离因素对空间相关性的影响。

其中，Moran's I 指数可用于检验区域中邻近地区间的相似性(空间正相关)或相异性(空间负相关)。其值在-1 与 1 之间，大于 0 表示存在空间正相关，表明高污染与高污染地区或低污染与低污染地区集聚在一起；小于 0 表示存在空间负相关，表示高(低)污染地区与低(高)污染地区相邻；等于 0，表示 PM2.5 污染随机分布，不存在空间相关性。Geary'C 指数的取值在 0 与 2 之间，大于 1 表示存在空间负相关，小于 1 表示存在空间正相关，等于 1 表示不存在空间相关性。表 4-2 报告了在地理距离权重和经济地理距离权重设置下的 Moran's *I* 指数以及 Geary's *C* 指数测度，衡量了 1998—2012 年中国 241 个城市 PM2.5 浓度的空间全局相关性。通过计算我们发现，中国 1998—2012 年 PM2.5 浓度值 Moran's *I* 和 Geary'*C* 指数值都显著具有正向空间相关性，表明我国雾霾(PM2.5)污染在空间位置上存在显著的聚集现象。

表 4-2 **1998—2012 年中国 PM2.5 污染的全局 Moran's *I* 和 Geary' *C* 指数值**

年份	W_1		W_3		W_4	
	Moran's *I*	Geary's *C*	Moran's *I*	Geary's *C*	Moran's *I*	Geary's *C*
1998—2000	0.573***	0.398***	0.834***	0.167***	0.536***	0.444***
1999—2001	0.586***	0.385***	0.837***	0.164***	0.554***	0.429***
2000—2002	0.596***	0.372***	0.835***	0.165***	0.547***	0.434***
2001—2003	0.583***	0.382***	0.838***	0.162***	0.529***	0.440***
2002—2004	0.563***	0.400***	0.837***	0.164***	0.498***	0.467***
2003—2005	0.537***	0.414***	0.847***	0.153***	0.479***	0.475***
2004—2006	0.537***	0.414***	0.843***	0.157***	0.488***	0.470***
2005—2007	0.545***	0.406***	0.843***	0.157***	0.500***	0.462***
2006—2008	0.536***	0.415***	0.842***	0.158***	0.481***	0.479***
2007—2009	0.529***	0.418***	0.848***	0.152***	0.475***	0.475***
2008—2010	0.529***	0.418***	0.846***	0.154***	0.476***	0.474***
2009—2011	0.526***	0.423***	0.844***	0.156***	0.476***	0.480***
2010—2012	0.530***	0.425***	0.838***	0.163***	0.472***	0.493***

资料来源：作者计算得出。

4.2.1.2 局域空间自相关检验

通过局域空间自相关检验，可以观察出我国雾霾污染集聚的具体地区和城市。图 4-1 报告了经济地理距离权重矩阵下部分年份中国雾霾污染的空间分布散点图，图中横轴表示标准化的 PM2.5 浓度值，纵轴为 PM2.5 浓度值的空间滞后

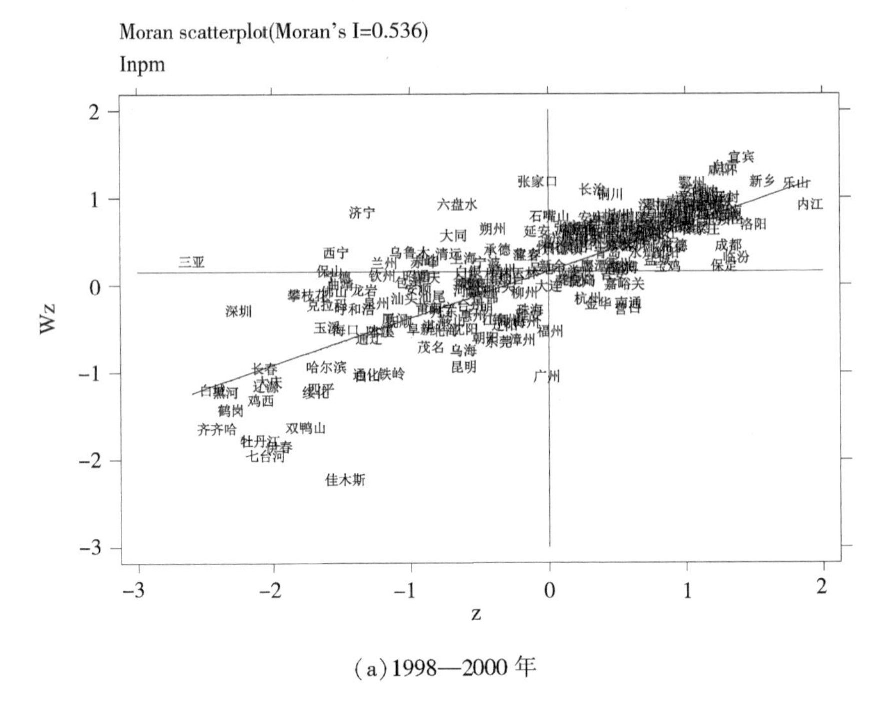

(a) 1998—2000 年

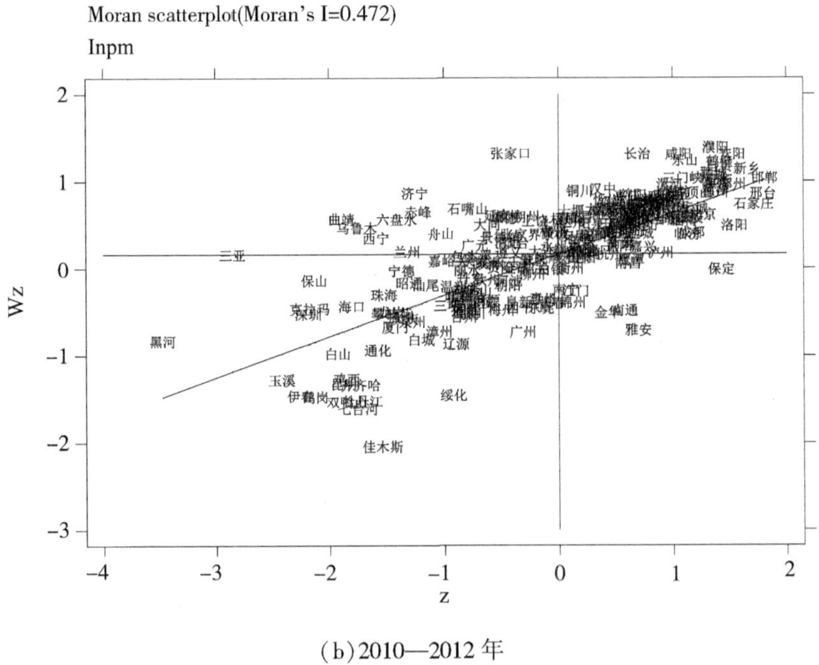

(b) 2010—2012 年

图 4-1　部分年份中国雾霾污染的散点图

资料来源：作者绘制。

值，该图分为四个象限，每个象限对应不同的空间自相关类型：第一象限表示存在高-高型正相关、第三象限表示存在低-低型正相关，第二、四象限则表示负相关的非典型观测区域。我们发现在局域空间自相关检验中，中国大部分城市PM2.5污染都具有显著高-高集聚和低-低集聚的空间正相关特征，存在显著的空间依赖性。1998—2000年高-高集聚地区，主要城市有北京、天津、鞍山、保定、运城、石家庄、唐山、绍兴、扬州、马鞍山、洛阳、新乡、内江、乐山、长治等；在低-低集聚地区，主要城市有攀枝花、深圳、哈尔滨、齐齐哈尔、七台河、鸡西、双鸭山、茂名等。2010—2012年高-高集聚地区，主要城市有北京、天津、鞍山、保定、运城、石家庄、邢台、长治、汉中、成都、新乡、内江、宜宾、洛阳等；在低-低集聚地区，主要城市有攀枝花、宁波、珠海、保山、黑河、七台河、鸡西、双鸭山、茂名、昆明、玉溪等。1998—2000年雾霾浓度在经济地理权重矩阵下有108个城市在第一象限，有73个城市在第三象限。2010—2012年在经济地理权重矩阵下有140个城市在第一象限，有57个城市在第三象限。表明在样本研究期间，高-高集聚的城市从108个增加到140个，增加了32个高雾霾污染集聚的城市；低-低集聚的城市从73个减少到57个，减少了16个低雾霾污染集聚的城市。说明我国高雾霾污染的城市数量随着经济增长开始逐渐增多，而低雾霾污染的城市数量逐渐减少，表明我国整体的雾霾污染在1998—2012年间进一步恶化。

为了进一步验证经济增长与PM2.5的空间相关性以及雾霾(PM2.5)库兹涅茨曲线，本书将利用动态空间计量模型结合系统广义矩估计法(SGMM)进行实证研究。

4.2.1.3 全样本估计回归结果分析

(1)基于SGMM模型动态空间面板模型估计。

利用动态空间面板模型进行估计的文献研究中，较多文献结合固定效应模型(fe)和最小二乘法(OLS)模型进行估计，然而以上两种方法均缺乏对内生性问题的控制。而系统广义矩估计(SGMM)方法不仅可以减少由于控制变量设置的不全面所导致的被解释变量未被完全控制和测量误差的问题，还可以控制被解释变量和解释变量相互影响等问题。Elhorst(2012)认为SGMM的优势在于在不引入外部工具变量的情况下，还能够从变量的时间趋势变化中选取合适的工具变量。另外，SGMM适用于截面单位多而时间跨度小(大N小T)型的面板数据。本书选取的241个城市15年的面板数据样本可以很好地满足这一要求。表4-3报告了全样本下基于SGMM得到的三种不同空间权重矩阵设定下考虑经济增长(人均GDP)的一次项、二次项和三次项的动态SLM的估计结果。结果表明，Sargan统计量在三种权重矩阵下P值均大于0.1的显著水平，表明我们执行的SGMM估计不存在工具变量过度识别的问题，工具变量是合理有效的。另外，从Wald检验和对数似然值($\log L$)以及拟合优度(R^2)的结果来看，模型的拟合效果非常理想。单从空间维度上看，空间滞后系数ρ在三种空间权重矩阵设定下均在1%的水平上显著为正，再次表明中国城市雾霾污染存在明显的空间集聚现象。在三种空间权重矩阵情形下，邻近地区PM2.5浓度每增加一个百分点，本地区的PM2.5浓度均提高约0.75个百分点，再次表明对雾霾污染的治理必须采取区域联防联控的策略，否则将出现区域间雾霾污染的“溢出效应”，使得“单边”的“治霾”努力徒劳无功。

实证结果表明，人均GDP的一次项、二次项和三次项在三种空间权重矩阵设定下均在1%水平下显著，而且人均GDP的一次项和三次项系数均为正值，二次项系数为负值，这表明雾霾污染随着经济增长呈现N形曲线走势，该结论与何枫、马栋栋(2016)一致。说明中国经济增长与雾霾浓度之间总体呈现先共同增长、分离脱钩，然后再共同增长的趋势，并未出现传统的倒U形曲线。呈现N形曲线走势说明人均GDP并不是引起雾霾浓度变化的唯一决定因素，其他影响因素如政策因素、技术因素和能源价格因素、贸易和FDI等因素会导致中国雾霾污染的库兹涅茨曲线由倒U形稳态偏离为N形曲线走势。表4-3显示在其他影响因素中，FDI对PM2.5浓度均具有增促效应，表明可能污染密集产业的外资企业进入我国，成为我国雾霾污染恶化的因素之一。从表征技术创新投入水平的研发强度系数估计结果来看，在三种权重矩阵设定下，研发强度对PM2.5浓度的降低均具有正向影响，尤其是研发强度系数均在5%的水平上显著，结果表明中国的技术研发强度可能更多被用于绿色技术进步，从而对雾霾浓度产生降减效应。在地理权重矩阵和经济地理权重矩阵设定条件下，第二产业占比对雾霾污染表现出显著的增促效应，该结论与Poumanyvong和Kaneko(2010)研究一致。能源消费对雾霾污染表现出显著的增促效应，表明煤炭燃烧是导致我国雾霾污染恶化的重要因素。绿化面积覆盖率均在1%的水平上对雾霾污染表现出显著为负的降减效应，表明增加园林绿化面积是改善雾霾污染的有效措施。

全样本动态空间面板模型估计从整体上证实了全国环境库兹涅茨曲线形状。但由于中国东、中、西部城市所处的地理区位、经济结构、技术发展水平、市场成熟度、基础设施投入、资源禀赋等经济初始条件的差异，有必要针对东、中、西部地区 PM2.5 库兹涅茨曲线进行独立检验，可以更精确地掌握中国不同地区的雾霾(PM2.5)库兹涅茨曲线发展轨迹和拐点值。故下文将分地区样本进行回归分析。

表 4-3 **动态空间面板模型估计结果**

	W_1	W_3	W_4
	SGMM	SGMM	SGMM
*ln*PM*t*-1 (θ)	0.8710***	0.524***	0.8817***
w * lnpm (ρ)	4.5598***	1.409***	781.27*
lnagdp	1.735***	2.166**	1.679***
(lnagdp)2	-0.1725***	-0.2591**	-0.165***
(lnagdp)3	0.0055***	0.009**	0.005***
lnfdi	0.011***	0.0299***	0.011***
lngl	-0.013***	-0.0131	-0.015***
lntech	-0.008***	-0.0088***	-0.008***
lngov	0.0045***	-0.0262***	0.0124**
lnis	0.0364***	-0.0069**	0.0287
lnec	0.395**	0.211*	0.367**
常数项	-5.347***	-6.1820**	-5.1804
Wald Test	562614.31***	498000.5***	7402.114***

续表

	W_1	W_3	W_4
F-test	56261.4***	49800.05***	740.211***
Sargan Test	236.955	235.786	237.968
R^2 Adj	0.993	0.9942	0.959
log$L$	2943.5	4023.0725	2927.034
样本数	3133	3133	3133

注：*、**、*** 分别表示 10%、5% 和 1% 的显著性水平；以下各表同。

资料来源：作者计算得出。

(2)分地区样本回归结果分析。

表 4-4 报告了基于三种不同空间权重矩阵设定下东、中、西部地区动态 SLM 的估计结果。[①] 结果表明，Sargan 统计量符合 SGMM 的要求，表明我们分东、中、西部样本执行的 SGMM 估计不存在工具变量过度识别的问题，工具变量是合理有效的。另外，从 Wald 检验和对数似然值(log L)以及拟合优度(R^2)的结果来看，各个分样本模型的拟合效果均较为理想。从空间维度上看，空间滞后系数 ρ 在三种空间权重矩阵设定下均在 1%的水平上显著为正，再次表明中国城市的雾霾污染在东、中、西部地区均存在明显的空间集聚现象。

我们发现，东部和西部地区的雾霾(PM2.5)库兹涅茨曲线三次项检验不论是在哪种权重矩阵下，人均 GDP 一次项、二次项和三次项并未通过显著性水平检验，表明东部和西部地区城市的雾霾(PM2.5)库兹涅茨曲线未能呈现出显著的 N 形或倒 N 形的三次曲线形状，而中部地区在经济地理权重矩阵和经济地理嵌套权重矩阵下呈现显著的 N 形曲线形状。

---

① 本书参考《中国卫生统计年鉴》所用的东中西部划分标准：东部地区包括北京、天津、河北、辽宁、上海、江苏、浙江、福建、山东、广东、海南 11 个省(直辖市)，中部地区包括黑龙江、吉林、山西、安徽、江西、河南、湖北、湖南 8 个省，西部地区包括内蒙古、广西、重庆、四川、贵州、云南、西藏、陕西、甘肃、青海、宁夏、新疆 12 个省(自治区、直辖市)。其中西藏拉萨市缺乏其他数据，故不计在内。

表 4-4　　东、中、西部地区三次项动态空间面板模型估计结果

	东部			中部			西部		
	W_1	W_3	W_4	W_1	W_3	W_4	W_1	W_3	W_4
$lnpm_{t-1}(\theta)$	0.9225***	0.866***	-0.00354	0.922508***	0.1516***	0.9295***	0.824002***	0.5195***	0.8937***
$w*$ lnpm (ρ)	3.7928	1.9881***	1.9082***	3.7928	1.687***	-1509.517	69.01722	0.9240***	20731.12
lnagdp	1.730088	-0.1885966	-0.4765**	1.730088	2.834***	1.4311***	-1.830107	-5.973661	0.7632
(lnagdp)2	-0.1842186	0.0145004	0.041*	-0.18422	-0.3158***	-0.1523***	0.1911711	0.6490815	-0.0695
(lnagdp)3	0.006246	-0.0002992	-0.0011	0.006246	0.0116***	0.0051***	-0.0067917	-0.0232416	0.0020
lnfdi	0.0183822	-0.0002363	0.0011	0.018382***	0.0028***	0.0185**	-0.0032218	0.0010645	0.00326
lngl	0.0000698	-0.0021	0.0163***	6.98E-05	0.0115***	0.0061	0.0026893	-0.0418733**	-0.0184
lntech	-0.00768	-0.0085***	-0.0027942	-0.00768***	-0.0023***	-0.00723***	-0.0071269	-0.01024**	-0.0117**
lngov	-0.00884	-0.0007	0.0030835	-0.00884***	-0.0121***	-0.0121***	0.023504	0.0054	0.051059***
lnis	0.090432	0.104***	0.1550883**	0.090432***	0.0942***	0.08204***	-0.0190087	-0.1689**	-0.1583816
lnec	-0.729	-0.1365	-0.4209	0.0691*	0.5836**	0.082*	0.265***	0.0161	0.343***
常数项	-5.242397	5.0326	15.97722	-5.2424	-8.890***	-4.268424	6.308552	16.871	-2.002
Wald Test	75526.94	92694.4***	1982986.7***	75526.94	281066.03***	77035.78***	10798.1292	8750.5***	1073.7607***
F-test	7552.69	9269.4***	198298.6***	7552.6	28106.6***	7703.57***	1079.8129	875.05***	107.3761
Sargan Test	83.479	85.612	72.390	83.479	80.707	87.045	52.372	30.785	48.910
P 值	(1.0000)	(1.000)	(1.000)	(1.000)	(1.000)	(1.000)	(1.0000)	(1.000)	(1.000)
R^2 Adj	0.9860	0.988	0.999	0.9860	0.9962	0.9863	0.9412	0.9285	0.9138
log L	1095.7379	1240.48	3956.6145	1095.7379	2832.02	1087.3508	605.2114	4454.4212	618.6707
拐点		—	—	—	3354.41; 22686.19	—	—	—	—
观测样本数	1402	1402	1402	1170	1170	1170	741	741	741

资料来源：作者计算得出。

根据实证结果我们发现，中部地区的拐点分别为人均 GDP 在 3354.41 元/人和 22686.19 元/人。在中部 90 个城市样本中，2010 至 2012 年中部城市的人均 GDP 均已越过第一个拐点，63 个城市处于第一个拐点和第二个拐点之间，有 27 个城市越过第二个拐点，但过了第二个拐点之后，中部城市的雾霾(PM2.5)浓度与经济增长的关系会出现再次共同增加的趋势。为了更加直观地了解东、中、西部城市雾霾污染对比情况，我们绘制了 1998—2012 年东、中、西部城市雾霾 PM2.5 浓度趋势对比图，依据图 4-3 我们发现相对于东部城市和西部城市，中部城市的平均雾霾(PM2.5)浓度最高，东部城市次之，西部城市最低。图 4-2 所展示的东、中、西部地区的雾霾污染的趋势支持了中部地区的雾霾污染为最严重这一结论。结合以上实证和描述性结果，我们认为中部城市偏离雾霾(PM2.5)库兹涅茨曲线倒 U 形稳态为 N 形的原因主要在于以下五个方面：

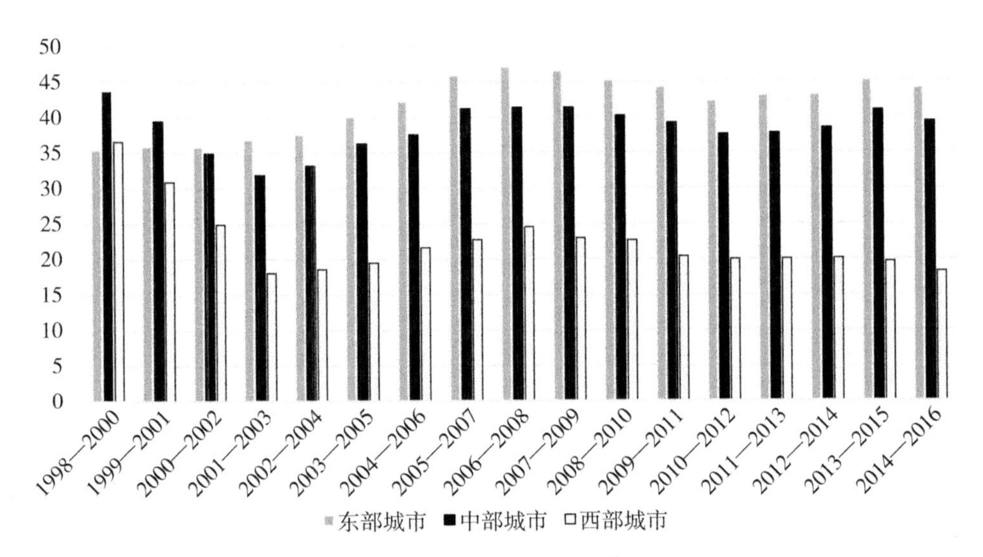

图 4-2　1998—2016 年东、中、西部城市雾霾 PM2.5 浓度趋势对比图

资料来源：作者绘制。

第一，经济规模因素。2004 年“中部崛起”计划实施后，工业化和城镇化水平开始迅速提升，经济规模迅速扩大，人均 GDP 由 1998—2000 年的 10382 元/人增至 2010—2012 年的 20312 元/人，成为雾霾污染水平加剧的原因之一。

第二，产业结构因素。实证结果中在三种权重设定条件下，第二产业比重增加均在1%的水平上对雾霾污染表现出显著的增促效应，如中部地区一方面承接了东部制造业的转移，制造业比重迅速提升，另一方面经济发展程度仍远远不及东部地区，对高新技术和环境保护存在投入不足等问题，使得产业结构成为雾霾污染水平加剧的重要因素，表明了中部地区的产业结构是导致雾霾浓度在未来时期不断上升的重要影响因素。

第三，技术因素。虽然研发投入在中部地区呈现出显著为负的降减效应，表明中部地区的研发投入已经偏向于对绿色技术的投入，并对雾霾浓度产生降减效应。但由于中部地区的经济发展不足，治污技术进步的速度仍不及雾霾(PM2.5)污染浓度升高速度，以致没有抑制中部地区的雾霾(PM2.5)库兹涅茨曲线的偏离。

第四，政策因素。由于中部地区短期政策和中长期政策存在着一定程度的配合不协调问题，导致中部雾霾污染问题成为久治不愈的“痼疾”。“降霾”政策不断出台，如通过脱硫脱硝，提高油品质量，强化尾气排放的控制，关停高耗能、高污染的工厂和建筑用地，单双号限行等末端环节措施来进行控制。末端环节的治理和控制极大地减少了有毒物质的形成，但中部城市仍处在城镇化与工业化发展阶段，虽然末端治理可以将单位经济活动量排放强度降低70%以上，但如果中部经济增长速度保持在每年7%左右，在经济结构不变的情况下，煤炭消费和汽车消费的快速增长和污染型产业的大幅上升会抵消大部分末端治理带来的减排效应。因此，中部地区必须在中长期政策上大力调整产业结构、能源结构等经济结构性问题。

第五，能源消费因素。在三种权重矩阵设定下，煤炭消费对中部城市PM2.5浓度均具有显著的增促效应，表明中部地区能源利用方式仍较为粗放，大量消耗汽油、煤炭等化石能源是中部雾霾成为“痼疾”的重要因素之一。

第六，FDI因素。在三种权重矩阵设定下，FDI对中部城市PM2.5浓度均具有增促效应，FDI可以直接将国外污染严重的衰落产业转移到国内，相较于其他因素，各地政府出于促进经济增长的目的，降低环境规制吸引FDI，进一步加剧污染，这一点在我国中部地区表现得尤为明显，由于FDI的制造业投资在中部地区增速加快，提高了高耗能、高污染产业在中部地区的集聚程度，因此，加剧了中部地区的雾霾(PM2.5)污染。接下来，我们将重点分析FDI对雾霾污染的影响。

中部地区库兹涅茨曲线呈现N形表明中部的经济发展方式、产业结构、能源结构作为影响雾霾浓度的基础性因素未能得到根本性的改善，导致中部地区雾霾污染问题成为全国雾霾污染问题的“重中之重”。

表4-5得出了全样本下基于SGMM得到东、西部城市三种不同空间权重矩阵设定下人均GDP的一次项和二次项的动态SLM的估计结果。实证结果表明，东部城市的雾霾(PM2.5)库兹涅茨曲线检验显著表现为倒U形曲线，从2010—2012年的数值来看，东部城市的人均GDP已越过最高拐点。东部地区拐点为9588.01元/人，2010年至2012年东部地区样本城市中92个城市均越过拐点。东部城市呈现倒U形关系主要基于以下三个方面的因素：

表4-5 **东、西部地区二次项动态空间面板模型估计结果**

	东部			西部		
	W_1	W_3	W_4	W_1	W_3	W_4
$\text{lnpm}_{t-1}(\theta)$	0.8879***	0.859***	0.00635***	0.8096363***	0.543672***	0.869375***
$w*\text{lnpm}\ (\rho)$	12.995***	1644.72***	1.906***	54.29189	0.752623***	9055.16
lnagdp	0.2638***	0.1722	0.1907***	0.1274224	0.276876*	0.352315**
lnagdp2	−0.01617***	−0.01081**	−0.0104***	−0.0092428	−0.01488**	−0.0197971**
lnfdi	0.0018751***	0.01714	0.0014***	−0.0008215	0.008918**	0.0062466
lngl	−0.0056952	−0.01789	0.01988***	0.0054996	−0.0007	−0.0160263
lntech	−0.00416***	−0.00528**	−0.00271***	−0.0089791	−0.0139***	−0.0185311***
lngov	0.09118	−0.00356	−0.0017***	0.0257316	0.010581	0.028289***
lnis	0.00187***	0.099326***	0.0404***	0.005261	−0.03404	−0.0323413
lnec	0.0240	0.6404	0.0300	0.0755**	0.3837***	−0.1745
常数项	−0.97674***	−0.54858	0.7197***	−0.0784342	−1.07148	−1.196686**
Wald Test	156323.3***	180478.4441***	2062568.6***	6598.3820***	11135.25***	7066.2153***
F-test	17369.2***	20053.1605***	229174.2***	733.1536***	1237.25***	785.1350***
Sargan Test	87.444	84.423	74.463	51.316	43.227	52.295
P值	1.0000	1.0000	1.0000	1.0000	1.0000	1.0000
R^2 Adj	0.9930	0.9940	0.9995	0.9072	0.9428	0.9128
log L	1234.2918	1241.4527	3853.274	606.8790	893.9496	587.3594
拐点	3498.36	—	9588.01	—	10977.78	—

资料来源：作者计算得出。

第一，产业结构。东部地区产业结构逐步向轻工业和第三产业如服务业、高新技术产业转型，使环境压力逐渐降低。虽然在三种权重设定条件下，第二产业比重增加均在1%的水平上对雾霾污染表现出显著的促增效应，表明东部地区的产业结构仍以污染密集型产业为主，但是在样本期间，东部样本城市的平均第二产业结构由 1998 年的 51.15%降低至 2012 年 50.82%，2000—2002 年曾达到 48.85%。表明东部第二产业比重开始逐渐趋向合理区间，产业结构的优化是呈现倒 U 形的重要因素之一。

第二，技术进步。我们发现技术投入在东部地区呈现出显著为负的降减效应，说明东部地区的技术研发强度使环境压力在高收入时减少，使得能源效率得到提升，从而减少了生产过程中的污染，使东部城市的雾霾浓度得以降低。

第三，政策因素。完善系统的环境政策可以促进提高环境质量。从实证分析结果可以看出，东部城市的政府投入对雾霾浓度产生了降减效应，表明东部城市较为重视环境治理，执法力度较大，这成为抑制雾霾(PM2.5)浓度升高的重要因素。

结合以上因素分析我们发现，虽然目前东部地区城市的经济结构开始逐渐升级优化而且大部分东部城市已越过拐点，但是以往不合理的经济结构和经济发展模式所导致的雾霾污染产生了“累积效应”和“滞后效应”，表现在整体雾霾浓度水平值虽然开始逐渐下降但仍处在高位。倒 U 形曲线并不意味着雾霾浓度的下降是一个自发实现的过程或是环境恶化的终点，其分离过程可能正经历环境质量状态最为复杂的时期。所以，东部城市仍然是目前“治霾”的“主战场”。

同时，西部地区在经济地理嵌套权重矩阵和经济地理权重矩阵下呈现显著的倒 U 形曲线形状，2010—2012 年在西部 57 个样本城市中有 49 个城市的人均 GDP 已经越过拐点，① 在 2006—2008 年有 31 个样本城市越过拐点。表明西部城市的雾霾(PM2.5)趋势会随经济发展逐渐下降，该研究结论与高峰、俞树毅(2014)研究结论一致。西部城市呈现倒 U 形关系主要基于以下三个方面的因素：

第一，早期的经济发展方式。西部地区的经济增长在 20 世纪 80 年代初期通

① 由于不同的权重矩阵的估计，导致东西部城市呈现不同的拐点，我们依据最高的拟合优度(R^2)来选择拐点。

过对自然矿产资源和初级能源大规模的开发来获取利益，由于其经济发展方式较为粗放、能源消费结构欠佳、能源利用效率较为低下、环境治理效率较为低效，导致环境日益恶化。

第二，经济结构的变化。在三种权重矩阵设定下，产业结构对雾霾浓度的影响均不显著。说明随着西部大开发战略的实施促进了西部经济的进一步发展，西部地区吸取了东中部地区发展经验和教训并放弃沿用先污染后治理的模式，采用了较为严格的环境规制政策，较为重视落实节能减排，依靠使用清洁能源和发展探索新能源等政策措施以实现雾霾浓度与经济增长脱钩。

第三，技术因素。实证结果表明在经济地理权重矩阵和经济地理嵌套权重矩阵设定下，技术投入对西部地区雾霾浓度有降减效应。西部地区的技术研发投入使环境得到改善、能源效率得到提升，可能成为抑制西部城市的雾霾浓度升高的重要因素。

根据实证结果我们发现经济结构、经济发展方式和煤炭消费量对于西部城市的雾霾污染问题的影响不容忽视。因此西部地区需要继续优化经济结构、提高清洁技术水平、提升能源利用效率，避免西部地区由倒 U 形的雾霾(PM2.5)库兹涅茨曲线的稳态偏离为 N 形曲线。

(3)基于区域雾霾(PM2.5)库兹涅茨曲线的政策效果分析。

上述分地区样本回归结果表明中国区域雾霾(PM2.5)库兹涅茨曲线存在异质性，为进一步证实东、中、西部地区对政策存在异质性反应，故本书进一步从不同阶段的“治霾”政策效果角度证实了中国区域雾霾(PM2.5)库兹涅茨曲线的异质性。

在“治霾”政策起步阶段(1993—2002 年)，国家倡导“科技是第一生产力和绿色发展的理念”，加强了大气污染防治技术研究力度，强化了大气污染防治技术成果运用和普及的推广力度，出台了一系列雾霾污染政策如《车用汽油机排气污染物排放标准》《大气污染物综合排放标准》《中华人民共和国大气污染防治法》《国务院办公厅关于进一步做好关闭整顿小煤矿和煤矿安全生产工作的意见》等政策促进了各地区的治霾工作。从环境库兹涅茨曲线的拐点表现来看：在 2002 年，东部 92 个样本城市中，有 60 个城市越过拐点呈下降趋势，越过拐点城市占 65.2%；中部 90 个样本城市中，有 87 个城市越过第一个拐点呈现下降趋势，越过第一个拐点城市占97.7%，有1个城市越过第二个拐点呈继续上升趋势，越过第二个拐点率达1%；西部57个样本城市中，有14个城市越过拐点呈下降趋势，越过拐点率达24.5%。

在“治霾”政策发展阶段(2003—2012年)，国家鼓励企业走科学发展观的道路，开始重点对国家产业结构进行调整，落实节能减排、使用清洁能源，环保法律法规日趋完善。这个阶段出台的政策主要有：《可再生能源产业发展目录》《国务院关于进一步加大工作力度确保实现“十一五”节能减排目标意见》《蓝天科技工程“十二五”专项规划》等，加强各地的治霾工作，从环境库兹涅茨曲线的拐点表现来看：在2012年，东部92个样本城市中，92个城市均越过拐点呈下降趋势，越过拐点率达100%；中部90个样本城市中，有63个城市越过第一个拐点呈下降趋势，越过第一个拐点率达70%，有27个城市越过第二个拐点呈继续上升趋势，越过第二拐点率达30%；西部57个样本城市中，有49个城市越过拐点呈下降趋势，越过拐点率达85.96%。

不同阶段的“治霾”政策的效果表明我国东、西部地区大部分城市雾霾污染的情况开始好转，表明东、西部地区城市的经济结构开始逐渐升级优化。而中部地区的雾霾污染与经济增长开始出现继续共同增长的态势，证实了中部的经济发展方式、产业结构、能源结构等作为影响雾霾浓度的基础性因素未能得到根本性改善，同时也表明了我国东、中、西部地区的雾霾(PM2.5)污染库兹涅茨曲线具有异质性。

4.3 主要结论和政策建议

本书利用1998—2012年中国241个城市的空间面板数据，利用Moran's *I* 和Geary's *C* 方法对中国雾霾污染进行了全域空间自相关性和局域空间自相关性分析，基于环境库兹涅茨假说构建了动态空间面板数据模型，并将地理距离权重矩阵、经济地理距离权重矩阵和经济地理嵌套权重矩阵分别纳入空间面板模型进行考察，得到了如下实证结论：

第一，全局空间自相关检验证实了PM2.5污染空间的溢出效应的存在。在局域空间自相关检验中，我们发现中国大部分城市PM2.5污染都具有显著高-高集聚和低-低集聚特征，存在显著的空间依赖性，同时 1998 年至 2012 年，高-高集聚的城市在逐渐增多，低-低集聚的城市在逐渐减少。

第二，在全样本下雾霾污染随着经济增长呈现 N 形曲线走势。表明中国经济增长与雾霾浓度之间总体呈现先共同增长，再分离脱钩，然后再共同增长的趋势，并未出现传统的倒 U 形曲线。而中国大部分城市处在 N 型的第二阶段，即雾霾污染与经济增长逐渐分离阶段。在未来的某一时间节点，雾霾浓度与经济增长的关系会出现再次共同增加的趋势。

第三，在分地区样本的估计结果中，不同地区间雾霾(PM2.5)库兹涅茨曲线存在异质性：东部地区在地理权重矩阵和地理经济权重矩阵下呈现显著的倒 U 形曲线形状，其拐点为人均 GDP 9588.01 元/人，而且东部大部分城市的雾霾(PM2.5)趋势目前是随经济发展逐渐降低的。其经济水平已达到一定高度，与污染排放之间呈现“脱钩”趋势。虽然目前东部地区城市的经济结构开始逐渐升级优化，但是以往较不合理的经济结构和发展模式所导致的雾霾污染产生了“累积效应”和“滞后效应”，东部部分城市特别是京津冀的雾霾浓度仍处于全国高位。中部地区在地理经济权重矩阵下呈现显著的 N 形曲线，中部地区的拐点分别为人均 GDP 在 3354.41 元/人和 22686.19 元/人。而且中部城市的平均雾霾(PM2.5)浓度最高，东部地区次之，西部地区最低。说明中部地区的雾霾污染严重的程度不容忽视，是雾霾污染的“重中之重”。西部地区在经济地理嵌套权重矩阵和经济地理距离权重矩阵下呈现显著的倒 U 形曲线形状，其拐点值为 10977.78 元/人。此外，西部城市还面临着承接东中部地区产业转移的问题，可视为雾霾污染治理的警示区域。

上述研究结论对如何通过经济政策手段实现对中国有效“治霾”和经济增长的双赢目标具有重要的政策含义。

第一，因地制宜结合联防联控。通过本书的实证分析，我们发现东部地区的雾霾受到中部地区空间“溢出效应”的影响，使东部地区“单边”的治霾努力可能变得徒劳无功。因此，东部地区在调整自身经济结构的同时需要与中西部地区联合建立雾霾污染治理的联防联控机制，形成有效“治霾”的区域合力。充分发挥东部地区已有的基础设施、人才、区位、市场等优势，进一步升级第二产业，并充分利用东部地区产业升级的辐射效应，带动中、西部地区的产业升级。中部地区则要加强短期政策和中长期政策的协调配合，重视规范和约束污染产业的发展，加大第三产业占比，调整改善以煤炭消费为主的能源结构，加快轨道交通建设，合理规划城市布局，提高绿化率，加强对FDI质量的甄别，加大对清洁技术的研发投入。利用东部产业升级的契机，发挥中部的人力资本优势，鼓励官产学联合研发和应用。重点把握城市群的发展，建立更多的卫星城市。西部地区则要深化资源和资源型产品的价格和税费改革，建立合理的环境补偿机制，发挥大型国有企业节能减排的示范效应，把握国家“一带一路”倡议机遇，发展低碳循环经济、环境友好型经济、创新型经济，缩小与东中部地区差距，改善地区投资环境，推动产业升级，在提升出口竞争力的同时提高甄别FDI质量的能力和对清洁技术的吸收能力的同时，重视西部生态环境建设。

第二，利用市场体现环境真实估价。通过征收环境税、碳税、资源税及构建全国性的排污权交易市场、碳市场等市场激励型的环境规制手段，来纠正煤炭市场定价过低的问题，让市场充分认识到煤炭产业的“负外部性”，让环境的真实估价来转变居民的消费观念，尊重雾霾(PM2.5)库兹涅茨曲线体现的规律，承认环保带来的失业、收入和福利的衰退的风险。

第三，重视技术进步对“治霾”的关键性影响。政府把握技术进步的方向是区域“治霾”政策的关键所在，促进技术进步的程度决定了“治霾”步伐的大小。通过加大对控制燃煤污染技术、新能源开发技术、PM2.5控制技术等清洁技术的研发投入和补贴，鼓励官产学联合研发和应用等方式来促进产业结构、能源结构的绿色升级。这是政策对市场的正确引导，是政府对市场的扭曲、市场失灵等问题的及时修正，是减少经济增长“负外部性”的有效手段。

第5章　FDI对中国雾霾(PM2.5)污染影响的空间依赖性分析

第四章主要描述了经济增长与雾霾(PM2.5)之间的关系，得出了经济增长与雾霾(PM2.5)污染具有N型曲线关系的结论。接下来，我们将通过静态和动态空间面板模型从空间角度对FDI与雾霾污染进行分析。

FDI是生产要素或经济资源在世界范围内以直接方式进行的重新配置，它具有“资本、技术、营销、管理等要素结合为一体”的特征(Leonard and Kwan, 2000)。无论是从短期还是长期来看，这种“一揽子”生产要素的跨国流动对东道国(地区)经济发展的许多方面都会产生影响，也会导致全球性的环境污染。故FDI与环境的关系成为当前学界最具争议性的问题之一，同时FDI和雾霾(PM2.5)污染可能分别存在辐射效应和空间溢出效应(即空间依赖性)。在这种背景下，利用空间计量模型考察FDI对中国雾霾(PM2.5)污染的影响十分重要。故本章首先采用探索性空间数据分析法对中国雾霾(PM2.5)污染的空间溢出效应和FDI的辐射效应进行了检验，然后构建了经济地理嵌套权重矩阵和经济地理权重矩阵并结合静态和动态空间面板模型，从国家层面分析了FDI存量和流量对中国雾霾(PM2.5)污染的影响。故本章运用静态和动态空间计量模型，分别选取30个省份和241个城市1998—2012年的数据分析FDI与雾霾(PM2.5)污染之间的空间动态关系，并借鉴邵帅(2016)权重构建法，构建了经济地理权重矩阵和经济地理嵌套权重矩阵来衡量地区间FDI与中国雾霾(PM2.5)污染的空间依赖性以分析FDI对中国雾霾(PM2.5)污染的影响，以期丰富和补充FDI对环境影响的实证研究，为后续研究打下基础。

5.1 FDI对中国雾霾(PM2.5)污染影响的空间计量模型构建

本章在FDI对中国雾霾(PM2.5)污染影响研究中加入空间相关项，分析FDI的辐射效应和雾霾(PM2.5)污染的空间溢出效应，结合EKC曲线模型，以中国省际面板数据为研究样本，实证分析FDI是否对中国雾霾(PM2.5)污染产生消极影响。

5.1.1 FDI与中国雾霾(PM2.5)污染的探索性空间分析(ESDA)

5.1.1.1 全域空间自相关检验

为了解释区域雾霾(PM2.5)污染和FDI的空间依赖性，首先需要测算出其空间相关度。从理论上确定空间依赖性一般分为全域空间依赖性检验以及局域空间依赖性检验。全域空间依赖性常用于分析空间数据在整个系统内表现出的分布特征，一般通过Moran's I和Geary's C指数来测度。由于FDI是一种跨区域的经济行为，除了受到地理因素的影响，还受到中国各地区的经济社会动因的溢出效应和辐射效应的影响，而地理区位的差异仅反映出地理邻近特征的影响。所以，本章构建了经济地理嵌套权重矩阵和经济地理权重矩阵来解释FDI与中国雾霾(PM2.5)污染的空间关联特征并进行实证分析。

表5-1和表5-2分别给出了在1998—2012年期间，PM2.5排放污染和FDI的全域空间Moran's I和Geary's C统计指数。从表5-1和表5-2的显著性水平可以看出，不论在经济地理嵌套权重矩阵(W_3)还是经济地理权重矩阵(W_4)下，Moran's I指数和Geary's C指数均在1%水平上显著，PM2.5的Moran'I指数一般介于0.24与0.32之间，Geary's C指数一般介于0.590与0.71之间，lnFDI的Moran'I指数基本介于0.290与0.4之间，Geary's C指数一般介于0.57与0.66之间，均表示出中国雾霾(PM2.5)污染和FDI都具有显著的正向空间依赖性以及空间依赖特征，证实了中国雾霾(PM2.5)污染空间的溢出效应以及FDI辐射效应的存在。

表 5-1　　**PM2.5 排放污染的全域空间 Moran's *I* 和 Geary's *C* 统计指数**

年份	经济地理嵌套权重矩阵(W_3)		经济地理权重矩阵(W_4)	
	Moran's *I*	Geary's *C*	Moran's *I*	Geary's *C*
1998—2000	0.318***	0.649***	0.303***	0.623***
1999—2001	0.304***	0.665***	0.233***	0.702***
2000—2002	0.306***	0.645***	0.277***	0.667***
2001—2003	0.317***	0.635***	0.325***	0.622***
2002—2004	0.314***	0.639***	0.330***	0.611***
2003—2005	0.311***	0.630***	0.340***	0.594***
2004—2006	0.272***	0.652***	0.336***	0.598***
2005—2007	0.276***	0.648***	0.338***	0.606***
2006—2008	0.297***	0.651***	0.346***	0.610***
2007—2009	0.321***	0.623***	0.339***	0.608***
2008—2010	0.306***	0.626***	0.342***	0.601***
2009—2011	0.275***	0.644***	0.353***	0.580***
2010—2012	0.240***	0.677***	0.335***	0.602***

注：*** 表示 1% 的显著性水平。

表 5-2　　**FDI 全域空间 Moran's *I* 和 Geary's *C* 统计指数**

年份	经济地理嵌套权重矩阵(W_3)		经济地理权重矩阵(W_4)	
	Moran's *I*	Geary's *C*	Moran's *I*	Geary's *C*
1998—2000	0.290***	0.631***	0.408***	0.570***
1999—2001	0.281***	0.638***	0.389**	0.586**
2000—2002	0.288***	0.634***	0.365***	0.604***
2001—2003	0.299***	0.628***	0.335***	0.630***
2002—2004	0.311***	0.624***	0.321***	0.648***
2003—2005	0.322***	0.621***	0.320***	0.654***
2004—2006	0.334***	0.616***	0.324***	0.655***
2005—2007	0.354***	0.599***	0.366***	0.617***
2006—2008	0.350***	0.604***	0.377***	0.611***

续表

年份	经济地理嵌套权重矩阵(W_3)		经济地理权重矩阵(W_4)	
	Moran's I	Geary's C	Moran's I	Geary's C
2007—2009	0.340***	0.612***	0.392***	0.602***
2008—2010	0.332***	0.624***	0.383***	0.612***
2009—2011	0.330***	0.627***	0.382***	0.610***
2010—2012	0.327***	0.630***	0.380***	0.612***

注：*** 表示1%的显著性水平。

5.1.1.2 基于 Moran's I 散点图的局域空间依赖性检验

为了进一步解释各省区域的 PM2.5 浓度空间依赖性，本书用局域空间依赖性来分析局域地区的非典型特征。图 5-1 和图 5-2 给出以 2010—2012 年为代表年份的中国 PM2.5 浓度分布的散点图和 FDI 分布的散点图，图 5-1 中的横轴表示标准化的 PM2.5 浓度值，纵轴表示 PM2.5 浓度滞后值，图 5-2 中的横轴表示标准化的 lnFDI，纵轴表示 lnFDI 滞后值。该图分为四个象限，每个象限对应不同的空间自相关类型：一、三象限分别表示存在高-高型正相关和低-低型正相关，二、四象限则表示负相关的非典型观测区域。

从图 5-1 和图 5-2 可以看出，大部分省份位于空间正相关区域(在图 5-1 和图 5-2 中分别为 76.6%和 63.3%的省份位于第一和第三象限)，这进一步证实了中国雾霾(PM2.5)污染和 FDI 均存在正向空间溢出效应。从图 5-1 和图 5-2 各地区 FDI 和雾霾(PM2.5)污染的 Moran's I 散点图我们可以看出，FDI 高值集聚区与中国雾霾(PM2.5)污染高值集聚区重叠地区有：北京、天津、河北、江苏、江西、浙江等东中部地区，主要集中在京津冀、长江三角洲地区以及两者之间的连接省份。FDI 低值集聚区与中国 PM2.5 浓度低值集聚区重叠区域有：云南、新疆、甘肃、宁夏、青海，重叠地区一般是西部地区。由于京津冀、长三角地区以及两者之间的链接省份在吸引 FDI 方面，具有基础配套设施完善、产业链条完整、人力资本丰厚等特征，所以 FDI 制造业、建筑业等污染密集型产业主要也集中在这些地区，使得这些经济发达地区难以实现自身环境质量的改善；而西部地区如云

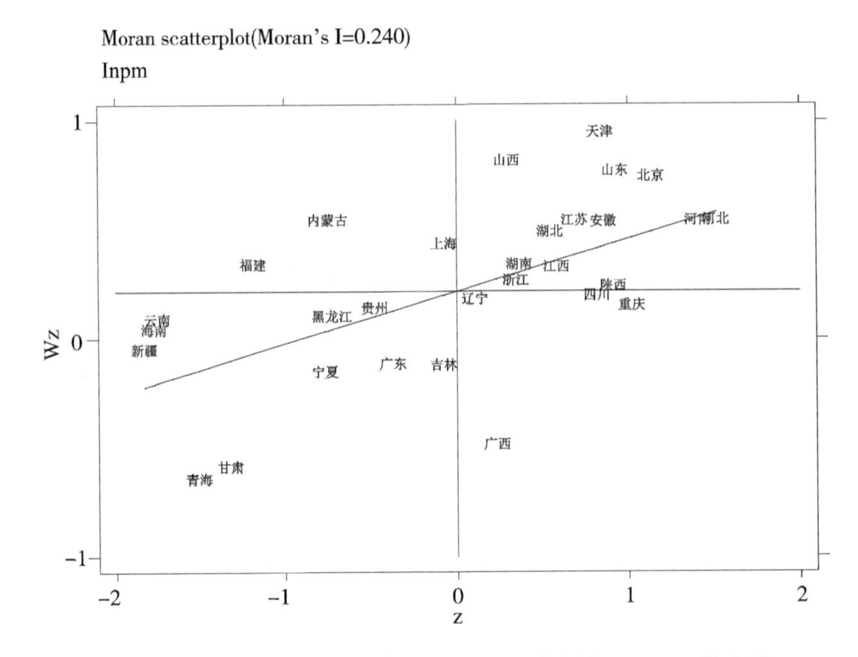

图 5-1　2010—2012 年中国各地区 PM2.5 浓度的 Moran's *I* 散点图

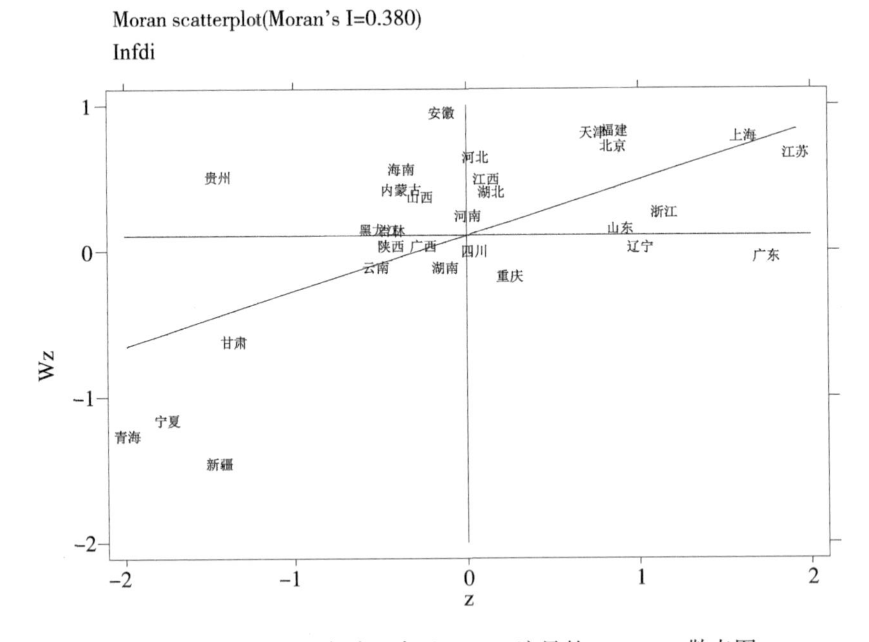

图 5-2　2010—2012 年中国各地区 FDI 流量的 Moran's *I* 散点图

南、新疆、甘肃、宁夏、青海等地区由于基础配套设施较为缺乏、人力资本存量相对于东中部低、产业链断裂等因素导致 FDI 流入量相对于东中部地区低，当外资进入程度较低时，FDI 对降低中国雾霾(PM2.5)污染的边际作用较少，同时，中国雾霾(PM2.5)污染外溢效应被西部地区的生态环境自净能力对冲，故西部地区中国雾霾(PM2.5)污染程度相对较低。以上结果表明中国雾霾(PM2.5)污染在经济地理上的集聚跟一个地区吸引 FDI 效果密切相关。为了进一步深入探究 FDI 与中国雾霾(PM2.5)污染的空间依赖性特征，本章将利用空间计量分析工具对两者的空间依赖性进行实证研究。

5.1.2 FDI 与中国雾霾(PM2.5)污染空间计量模型构建

通过 Moran's *I* 指数和 Geary's *C* 指数确定了 FDI 与雾霾(PM2.5)污染的空间依赖性后，需要构建含有空间因素或时期因素在内的空间计量模型。而空间面板计量模型一般分为静态和动态空间面板模型。其中，静态空间面板模型将空间相关项引入模型，分析了在某一时期内(连续或不连续)，空间自相关性和其他解释变量对被解释变量的影响。动态空间面板模型则通过将时期滞后项和空间相关项作为解释变量引入模型，来检验在某一时期内(连续或不连续)，空间自相关性和时间滞后项对被解释变量的影响，从而提高模型的估计精度。

Grossman(1994)提出了环境库兹涅兹曲线(EKC)的概念，认为环境质量会伴随最初的经济增长而恶化，但达到某个临界值时，环境污染的程度开始有所缓解，即呈现倒 U 形的发展轨迹，为经济增长和环境污染之间的关系研究奠定了坚实的理论基础。而 FDI 是通过改变经济规模、结构和技术水平来直接或间接地影响东道国的环境质量，Antweiler(2001)构建的一般均衡模型可以用来分析在经济快速增长下，FDI 对中国雾霾(PM2.5)污染的影响，故本章建立如下计量模型：

$$\ln pm_{it} = \beta_0 + \beta_1 \ln \mathrm{agdp}_{it} + \beta_2 (\ln \mathrm{agdp}_{it})^2 + \beta_3 \ln \mathrm{fd}i_{it} + \beta_4 \ln \mathrm{pd}_{it} + \beta_5 \mathrm{rdc}_{it} + \beta_6 \mathrm{ind}_{it} + \beta_7 \ln \mathrm{ec}_{it} + \beta_8 \ln \mathrm{pt}_{it} + \mu_{it} \tag{5.1}$$

式中，$\mathrm{p}m_{it}$ 表示第 i 个地区第 t 个时期的 PM2.5 浓度，$\mathrm{agd}p_{it}$ 为第 i 个地区的人均生产总值，$\mathrm{fd}i_{it}$ 为第 i 个地区的 *FDI* 存量或流量，$\mathrm{p}d_{it}$ 为第 i 个地区的人口密度、$\mathrm{rd}c_{it}$ 为第 i 个地区的研发投入占 GDP 比重、ind_{it} 为第 i 个地区的第二产业增加值占 GDP 比重、ec_{it} 为第 i 个地区的煤炭消费量、$\mathrm{p}t_{it}$ 为第 i 个地区的客运量，

μ_{it} 为正态分布的随机误差项。其中公式(5.2)中的回归系数可以理解为当其他解释变量保持不变时，当某一个解释变量变化 1% 所引起的被解释变量变化的百分比。

该模型可以通过控制人均 GDP、第二产业增加值比重变化、研发投入比重、能源消费量、客运量和人口密度等因素的变化来分析 FDI 对 PM2.5 浓度的影响。因此，本章以 PM2.5 浓度作为环境压力对象，在模型中分别加入核心解释变量 FDI 流量或存量，来分别分析 FDI 流量或存量的变化对 PM2.5 浓度的影响。

5.2　实证检验分析

5.2.1　非空间交互效应的面板检验结果

依据空间计量模型的选择策略，首先利用四种不同的线性面板模型：聚合模型、截面固定模型、时期固定效应和双向固定效应的估计方法对数据进行分析，再通过经典的 LM 和稳健(Robust)LM 检验来完成空间滞后模型(SLM)和空间误差模型(SEM)之间比选，最后来确定最佳的空间估计模型。聚合模型的估计是基于各地区之间均具有相同的雾霾(PM2.5)污染浓度水平的假设，然而这个假设势必导致结果的偏误，因为时期固定模型考虑了时期的影响，反映了随时期变化的背景变量对稳态水平的影响，主要表现出经济周期、突发事件随时间变化的影响与辐射的作用，但忽略了空间地区差异的影响，会造成估计结果的偏误。截面固定模型考虑了空间差异的影响，反映了随地理位置变化的变量对稳态水平的影响，主要表现出经济结构、政策变化与资源禀赋对雾霾(PM2.5)污染的影响。而双向固定模型既控制了时间趋势变化的影响，也控制了空间差异的影响，刻画了各解释变量对雾霾(PM2.5)污染的影响。

从表 5-3 和表 5-4 结果可以看出，在固定效应联合检验中，LM 检验和稳健性 LM 检验的结论均证实了线性 EKC 模型包含空间误差项，表明在静态空间面板中选择空间误差模型(SEM)更合适。同时，较低的拟合优度 R^2(线性面板模型的平均拟合优度为 0.51)提示了线性模型可能遗漏了重要的解释变量，表明可能需要在原有模型中加入空间交互项才能提高模型的拟合优度，可以推断出中国雾霾

(PM2.5)污染可能存在显著的空间溢出效应以及FDI的辐射效应。通过稳健性LM检验结果可以看出空间滞后模型(SLM)没有通过稳健性LM检验，所以下文在空间误差模型(SEM)中的双向固定模型的基础上加入空间相关项，进行静态空间面板实证分析。

表5-3 **线性面板模型估计及空间交互效应检验(FDI流量)**

解释变量	聚合模型	截面固定	时期固定	双向固定
R^2	0.518	0.5106	0.5224	0.5130
Adj R^2	0.5085	0.5106	0.5136	0.5041
lngdp	0.2103	0.2247	-0.744	-0.9804*
(lngdp)^2	-0.0176	-0.0187	0.0371	0.0493*
lnfdi	0.0149	0.0141	-0.1237***	-0.125***
lnpd	0.1066***	0.1069***	0.1556***	0.1822***
rdc	31.3176***	32.0574***	28.549***	27.2721***
ind	1.1291***	1.1751***	1.7077***	1.7007***
lnec	0.1695***	0.1672***	0.2025***	0.1874***
lnpt	0.1316***	0.1369***	-0.0217	-0.0287
Log-likehood	-203.7812	-199.0793	—201.7178	-77.5933
固定效应联合检验				
LM test no spatial lag	351.8840***	356.4961***	117.6508***	114.8604***
robust LM test no spatial lag	21.6576***	21.1370***	0.5050	0.2711
LM test no spatial error	391.3110***	399.2552***	159.8866**	157.8332**
robust LM test no spatial error	61.0846***	63.8961***	42.7408***	43.2438***

注：*、**、*** 分别表示10%、5%和1%的显著性水平。下同。

表5-4 **线性面板模型估计及空间交互效应检验(FDI存量)**

解释变量	聚合模型	截面固定	时期固定	双向固定
R^2	0.520	0.5121	0.5238	0.5129
Adj R^2	0.5099	0.5032	0.5151	0.5040

续表

解释变量	聚合模型	截面固定	时期固定	双向固定
lngdp	-0.14288***	-0.1470***	-0.0333	-0.0353
(lngdp)^2	0.0003	0.0006	-0.00122	-0.0011
lnfdi	0.0195	0.0182	-0.1239***	-0.1241***
lnpd	0.1157***	0.1183***	0.1453***	0.1678***
rdc	31.2878***	31.902***	29.0395***	28.0915***
ind	1.1147***	1.1536***	1.6062***	1.5820***
lnec	0.1758***	0.1725***	0.2032***	0.1911***
lnpt	0.1320***	0.1376***	-0.0254	-0.0335
Log-likehood	-203.7812	-198.4751	-87.6739	-77.6433
固定效应联合检验				
LM test no spatial lag	350.2021***	355.3589***	117.6508***	115.4236***
robust LM test no spatial lag	21.0565***	20.5412***	0.0397	0.0288
LM test no spatial error	389.6240***	397.9166***	169.8866***	170.8821***
robust LM test no spatial error	60.4785***	63.0990***	52.1929**	55.4873**

5.2.2　静态空间面板模型检验结果

表 5-5 和表 5-6 分别报告了 FDI 流量和 FDI 存量的空间静态误差模型(SEM)的参数估计结果(基于双向固定效应模型)，结论如下：

表 5-5　**静态空间面板模型估计结果(FDI 流量)**

解释变量	经济地理嵌套权重矩阵(W_3)		经济地理权重矩阵(W_4)	
	Fe	Re	Fe	Re
	模型(1)	模型(2)	模型(3)	模型(4)
lngdp	0.3515*** (0.000)	0.2937*** (0.000)	0.3235*** (0.000)	0.2703*** (0.000)

续表

解释变量	经济地理嵌套权重矩阵(W_3)		经济地理权重矩阵(W_4)	
	Fe	Re	Fe	Re
	模型(1)	模型(2)	模型(3)	模型(4)
$(\ln gdp)^2$	-0.0005 (0.365)	-0.0004 (0.476)	-0.0004 (0.451)	-0.0003 (0.58)
lnfdi	0.0022 (0.246)	0.0017* (0.057)	-0.0092 (0.379)	-0.0071 (0.222)
lnpd	-0.0122 (0.398)	-0.0129 (0.392)	-0.0098 (0.505)	-0.0087 (0.571)
rdc	6.7176 (0.128)	7.7850* (0.07)	8.0702* (0.052)	8.6557** (0.03)
ind	0.5425** (0.026)	0.5293** (0.035)	0.2850 (0.262)	0.2954 (0.258)
lnec	-0.2468*** (0.000)	-0.1818*** (0.000)	-0.176*** (0.000)	-0.1169*** (0.008)
lnpt	0.0577** (0.046)	0.0831*** (0.004)	0.0750** (0.017)	0.0992*** (0.001)
ρ/λ	0.6774*** (0.000)	0.6754*** (0.000)	0.5886*** (0.000)	0.5927*** (0.000)
Log-likehood	204.3878	110.0659	190.8911	99.9422
R^2	0.4455	0.4428	0.4491	0.4446
Hausman test	1.0119		3.3041	
P 值	0.9946		0.8555	

注：*、**、*** 分别表示 10%、5% 和 1% 的显著性水平；( ) 为 P 值，下同。

表 5-6 **静态空间面板模型估计结果(FDI 存量)**

解释变量	经济地理嵌套权重矩阵(W_3)		经济地理权重矩阵(W_4)	
	Fe	Re	Fe	Re
	模型(5)	模型(6)	模型(7)	模型(8)
lngdp	0.3521***	0.0555***	0.3235***	0.2692***
	(0.000)	(0.000)	(0.000)	(0.000)
$(\text{lngdp})^2$	-0.0005	0.0006	-0.0004	-0.0003
	(0.366)	(0.475)	(0.451)	(0.582)
lnfdi	-0.0032	0.0327*	-0.0092	-0.0056
	(0.324)	(0.099)	(0.279)	(0.263)
lnpd	-0.0122	0.0151	-0.0098	-0.0086
	(0.398)	(0.392)	(0.505)	(0.573)
rdc	6.7371	4.2855*	8.0702*	8.6108**
	(0.126)	(0.068)	(0.052)	(0.031)
ind	0.5439	0.2519	0.2851	0.2951
	(0.026)	(0.35)	(0.262)	(0.259)
lnec	-0.2468***	0.0455***	-0.1760***	-0.1170***
	(0.000)	(0.000)	(0.000)	(0.008)
lnpt	0.0576**	0.0289***	0.0750**	0.0995***
	(0.046)	(0.004)	(0.017)	(0.001)
ρ/λ	0.6774***	0.6089***	0.5878***	0.5923***
	(0.0000)	(0.0000)	(0.0000)	(0.000)
Log-likelihood	204.3901	110.0645	190.8589	99.9319
R^2	0.4428	0.4426	0.4496	0.444
Hausman test	1.1184		2.5083	
P 值	0.9927		0.9265	

第一，从模型整体回归结果上看，大多数模型的空间自回归系数 ρ 和误差系数 λ 均为正值且均通过 1%的显著性水平，这说明中国 PM2.5 浓度存在显著的溢出效应。即一个地区的 PM2.5 浓度受到邻省的 PM2.5 浓度的影响，从表 5-5 和

表 5-6 实证结果可以看出，静态空间面板模型中 $\bar{\rho}$ 为 0.61，即本省 PM2.5 浓度每升高 1%，邻省雾霾(PM2.5)污染将升高 0.61%。

第二，静态空间面板模型估计也存在固定效应和随机效应两种基本形式的设定，通过 Hausman 检验可以对固定效应模型与随机效应模型之间进行选择。① 表 5-5 中 W_3矩阵的空间误差模型(SEM)的检验结果中，Hausman 检验的卡方 Chi 值为 1.0119，P 值为 0.9946；表 5-6 中 W_3 矩阵的空间误差模型的检验结果中，Hausman 检验的卡方 Chi 值为 1.1184，P 值为 0.9927，结果说明在 W_3 中选择随机效应模型比选择固定效应更加合适。在表 5-5 中 W_4矩阵的空间误差模型的检验结果中，Hausman 检验的卡方 Chi 值为 3.3041，P 值为 0.8555，在表 5-6 中 W_4矩阵的空间误差模型的检验结果中，Hausman 检验的卡方 Chi 值为 2.5083，P 值为 0.9265，结果同样表明了在 W_4 中选择随机效应模型比选择固定效应模型更加合适。由此可以得出，在 W_3 和 W_4 中选择随机效应模型比选择固定效应模型更合适。②

第三，从表 5-5 和表 5-6 中模型估计结果来看，模型(1)(3)(4)(5)(7)(8)中 FDI 对中国雾霾(PM2.5)污染影响系数并不显著，在模型(2)(6)中系数为正，并在 10%水平上显著，人均 GDP 一次项符号在模型中均为正且显著，二次项符号在模型(1)(2)(3)(4)(5)(7)(8)中均为负但不显著，仅在模型(6)中符号为正且不显著。根据结果我们初步推断出，静态空间面板模型对模型的估计可能有偏误，所以导致结果不稳健。

第四，上述种种迹象表明，静态空间面板模型仅在空间维度来分析各影响因素对雾霾(PM2.5)污染的影响可能是存在偏误的，一个地区的中国雾霾(PM2.5)污染程度不仅仅依赖于空间邻近还依赖于上一时期的经济社会动因的影响。在动态空间面板模型中加入一阶滞后项后，如果空间自相关系数发生大幅下降，表明空间自相关性在对雾霾(PM2.5)污染的影响变小，如果空间相关系数发生大幅上升，表明空间依赖性对雾霾(PM2.5)污染的影响变大。静态空间面板重点反映的是同一个时点上，不同省份之间的 FDI 对雾霾(PM2.5)污染影响存在的空间差

① 接受原假设表明使用随机效应更加优于固定效应模型，反之则是固定效应模型优于随机效应模型。

② Hausman 检验证实了随机效应模型更优于固定效应模型，故本章空间动态空间面板模型仍采用随机效应模型进行研究。

异，而动态空间面板模型则可以反映出不同省份 FDI 对雾霾(PM2.5)污染影响上的时序差异。由于中国雾霾(PM2.5)污染是一个动态的、连续的环境压力的系统体现，所以我们利用雾霾(PM2.5)污染的一阶滞后量表征时滞项，同时利用动态空间面板模型继续分析雾霾(PM2.5)污染的空间溢出效应，故下文建立动态 SLM 随机效应的空间面板模型进一步检验。①

5.2.3　动态空间面板模型检验结果

表 5-7 报告了 FDI 流量和 FDI 存量的动态 SLM 随机效应模型的参数估计结果，结论如下：

表 5-7　　**动态空间面板模型估计结果**

解释变量	FDI 流量		FDI 存量	
	W_3	W_4	W_3	W_4
	模型(1)	模型(2)	模型(3)	模型(4)
$\text{lnpm}_{t-1}(\theta)$	0.925***	0.93687***	0.9246***	0.954***
	(0.000)	(0.000)	(0.000)	(0.000)
$w^* \text{lnpm}_{t-1}(\rho)$	0.0675*	0.0299	0.0677*	0.3248
	(0.086)	(0.224)	(0.085)	(0.207)
lngdp	-0.0824***	-0.0715***	-0.0833***	-0.0724***
	(0.000)	(0.000)	(0.000)	(0.000)
$(\text{lngdp})^2$	0.0002	0.0002	0.0002	0.0002
	(0.589)	(0.583)	(0.659)	(0.589)
lnfdif/lnfdis	0.0174***	0.0161**	0.0177***	0.0163**
	(0.006)	(0.011)	(0.005)	(0.010)
lnpd	0.0033	-0.0271**	0.0025	-0.2711**
	(0.824)	(0.018)	(0.867)	(0.018)

① 由于滞后因变量只能用于 SLM 和 SDM 模型，所以本章采用 SLM 随机效应模型进行空间动态面板检验。

续表

解释变量	FDI 流量		FDI 存量	
	W_3	W_4	W_3	W_4
	模型(1)	模型(2)	模型(3)	模型(4)
rdc	3.6292***	3.1161***	3.6653***	3.1479***
	(0.001)	(0.003)	(0.001)	(0.002)
ind	0.1754	0.1147	0.1788	0.1177
	(0.19)	(0.367)	(0.182)	(0.355)
lnec	0.0174	0.0216*	0.0178	0.0219*
	(0.154)	(0.066)	(0.145)	(0.06)
lnpt	-0.0099	-0.0125	-0.0102	-0.0127
	(0.227)	(0.116)	(0.216)	(0.11)
Constant	0.5334***	0.5522***	0.5260***	0.5455***
	(0.001)	(0.001)	(0.001)	(0.001)
Log-likelihood	318.6845	229.6334	318.6845	318.6845
R^2	0.6915	0.6892	0.6913	0.6948

第一，在动态空间面板模型中，时间滞后系数 θ 在两种权重矩阵的设定下，均在1%的水平上显著为正，且平均时滞项系数($\bar{\theta}$)稳定在0.93的水平上，再次证实了中国雾霾(PM2.5)污染存在显著的时间滞后性，表明了中国雾霾(PM2.5)污染在时间维度上具有“叠加效应”，即如果上一期的雾霾(PM2.5)污染较高，那么下一期雾霾(PM2.5)污染有继续走高的可能性。加入时滞项后，将中国雾霾(PM2.5)污染看作动态和连续的环境压力系统，其前一期(或多期)的PM2.5浓度水平必然是经济社会动因(包括FDI)综合作用的结果，其中经济社会动因将继续作用于后一期或多期的中国雾霾(PM2.5)污染，所以通过动态空间计量模型进行估计可能更加可靠。在表5-7中，空间滞后系数 ρ 也在经济地理嵌套权重矩阵(W_3)下10%的水平下显著，在经济地理权重矩阵(W_4)下并不显著，而且平均空间相关系数较静态空间面板模型有较大幅度降低($\bar{\rho}$ 为0.0165)。这可能是由于静态空间面板将除本章涉及的解释变量之外的潜在因素笼统归结为空间

依赖性所致。而在动态空间模型中，一阶滞后项将雾霾时滞因素从空间依赖性的系数中分离出来后，空间相关系数的大幅降低证实了静态空间面板高估了被解释变量的空间依赖性，即空间“溢出效应”，这也可能是导致解释变量对被解释变量的估计结果有偏误的原因。从时滞项系数水平和显著性以及空间自相关系数的变化可以发现，动态空间面板证实了雾霾(PM2. 5)污染受到时滞项影响较大而并非空间交互项，即“叠加效应”大于“溢出效应”，表明中国雾霾(PM2. 5)污染在时间维度、空间维度及其时空维度上表现出累积、交叉、持续的演变特征。同时，表 5-7 模型中的拟合优度 R^2(从 0. 44 升至 0. 69)较上文的静态空间面板模型有较大提升，再次佐证了动态空间计量模型可以更准确地拟合 FDI 对中国雾霾(PM2. 5)污染的影响过程。

第二，通过动态空间计量模型，我们证实了 FDI 存量和流量对雾霾(PM2. 5)污染产生了增促效应这一结论。表明中国仍在采用大规模劳动密集型为代表的、初级要素为导向的外向型贸易经济发展方式，在全球价值链中仍高度依赖加工贸易、FDI 和全球商业网络，在全球价值链中仍主要通过加工贸易这样的发展方式来带动制造业的发展。而制造业属于污染密集型产业，对环境污染程度较高。来自发达经济体的 FDI 服从于母国跨国公司的全球价值链和产业链的安排，中国作为全球价值链中生产端的重要组成部分承接了高污染、高耗能的制造业，故 FDI 对中国雾霾(PM2. 5)污染产生了负效应。实证结果显示，在两种权重设置下，FDI 流量每升高 1%，PM2. 5 浓度分别升高 0. 0174%和 0. 0161%。FDI 存量每升高 1%，PM2. 5 浓度分别升高 0. 0177%和 0. 0163% ，证实了 FDI 对 PM2. 5 浓度产生了增促效应，说明了中国目前在吸引和利用 FDI 时，离环保目标的最优水平还有一定距离。较多的学者也得到了相似的结论，并从不同角度给予了解释。如 Dua 和 Esty(1997)及 Benarroch 和 Thille(2001)认为发展中国家出于吸引更多外资或防止本国资本外流的目的，会采用降低环境规制的方式来保护污染密集型产业，从而导致国内环境污染恶化。夏友富(1999)认为 FDI 产生环境负效应的主要原因在于外资主要集中在中国污染密集型产业，并将外资来源国所淘汰的技术、设备、生产工艺和危险废物转移到中国，对环境造成恶劣影响。赵细康(2003)发现 FDI 流入我国纺织业、塑料业、鞋业等产业的比重较大，远超流入其他产业的规模，提出 FDI 产业结构的不合理是造成环境污染的重要因素。温怀德(2008)认为中国 FDI 的 70%进入了制造业，而且是制造业中的污染密集型行业，FDI 成为中国环境污染的重要因素。

第三，在动态空间面板模型估计中，我们发现人均 GDP 的一次项系数为负值，二次项系数为正值，而且其一次项均在 10%水平上显著，但二次项均未达到 10%的显著水平，研究结果较统一地证实了中国省域中国雾霾(PM2.5)污染与经济增长之间可能存在微弱正 U 形关系，即随着人均 GDP 的增加，雾霾(PM2.5)污染可能会呈现先下降后上升的趋势，说明经典的 EKC 假说所指出的最高拐点到来时间尚不明确。研发投入对雾霾(PM2.5)污染产生增促效应，且均在 1%水平上显著。技术因素是影响环境质量最积极、最活跃、最敏感的可变因素，特别在中国工业化、城市化加速推进的背景下，它既是污染排放的引起者，又是防治污染的创新者，当偏向于生产技术时，会提高资源要素的消耗，从而引致生产规模增大、污染型投入要素增多，最终导致环境污染增加。Acemoglu(2015)认为如果研发投入是以治污减排为导向，将有利于环境质量的提升，所以，技术进步在实际生产过程中是有偏的。王班班和齐绍洲(2014)认为由于技术偏好的不同，很大程度上决定了技术进步对环境的影响。本章实证结果证实了中国的长期研发投入并不是绿色技术为导向，仍然是以扩大生产规模的方向为主，导致中国研发投入对雾霾(PM2.5)污染产生了显著的增促效应。

5.2.4 稳健性检验

在前文空间计量回归中，采用的空间权重矩阵是基于距离衰减法构建的经济地理矩阵与经济地理嵌套矩阵。基于空间权重矩阵对空间计量分析结果的敏感性，本章将利用其他权重来对上述结果进行稳健性检验(见表 5-8)。在稳健性检验中，首先，我们将利用地理衰减法构建的地理权重矩阵(W_1)进行重新估计；其次，由于上文是基于省会距离构建的地理经济嵌套矩阵和地理经济权重矩阵，我们将利用省会铁路里程重新构建地理经济权重矩阵(W_5)，其中新经济地理嵌套权重矩阵公式为：$W_5 = \varphi W'_1 + (1-\varphi) W_2$，将地理权重中的省会 i 城市与省会 j 城市的最近的空间距离替换为省会 i 城市与省会 j 城市的最近铁路里程数，其中 φ 仍取值为 0.5，故 $W5$ 的矩阵元素 w'_{ij} 为 i 省省会与 j 省省会最近铁路里程的倒数与省区之间的年人均 GDP 绝对差值的倒数之和。稳健性分析中仍利用动态 SLM

随机效应模型进行估计。表 5-8 分别报告了 FDI 流量和 FDI 存量在地理权重矩阵(*W*1)和新经济地理嵌套权重矩阵(*W*5)下的稳健性分析结果。结果发现，雾霾(PM2.5)污染的时间滞后项依然非常显著，结果中核心解释变量 FDI 流量(lnfdif)和 FDI 存量(lnfdis)、人均 GDP(lngdp)、研发投入(rdc)的符号、系数以及显著水平均无太大区别，表明基于动态空间面板模型的实证分析结论是稳健可靠的。

表 5-8 **稳健性分析结果**

解释变量	FDI 流量		FDI 存量	
	W_1	W_5	W_1	W_5
	模型(1)	模型(2)	模型(3)	模型(4)
$\text{lnpm}_{t-1}(\theta)$	0.924***	0.9434***	0.924***	0.9435***
	(0.000)	(0.000)	(0.000)	(0.000)
$w^*\text{lnpm}_{t-1}(\rho)$	0.0675*	0.0214	0.0677*	0.0217
	(0.086)	(0.380)	(0.085)	(0.374)
lngdp	-0.0824***	-0.07086***	-0.0833***	-0.0717***
	(0.000)	(0.000)	(0.000)	(0.000)
$(\text{lngdp})^2$	0.0002	0.0002	0.0002	0.0002
	(0.652)	(0.592)	(0.659)	(0.613)
lnfdif/lnfdis	0.0174***	0.0161**	0.0177***	0.0163***
	(0.006)	(0.011)	(0.005)	(0.0001)
lnpd	0.0035	-0.0261**	0.0024	-0.2611**
	(0.789)	(0.0173)	(0.713)	(0.0170)
rdc	3.6292***	3.0810***	3.6653***	3.1122***
	(0.001)	(0.003)	(0.001)	(0.003)
ind	0.1754	0.0994	0.1788	0.1023
	(0.19)	(0.433)	(0.182)	(0.420)
lnec	0.0174	0.0234*	0.0178	0.0238**
	(0.154)	(0.043)	(0.145)	(0.04)

续表

解释变量	FDI 流量		FDI 存量	
	W_1	W_5	W_1	W_5
	模型(1)	模型(2)	模型(3)	模型(4)
lnpt	-0.0099	-0.0139*	-0.0101	-0.0142*
	(0.227)	(0.078)	(0.216)	(0.073)
Constant	0.5333***	0.5694***	0.5260***	0.5626***
	(0.001)	(0.000)	(0.001)	(0.000)
Log-likelihood	238.5108	237.4286	238.5793	229.5548
R^2	0.6915	0.6877	0.6913	0.6925

同时，本章还利用格兰杰因果检验来分析 FDI 流量与 PM2.5 浓度的因果关系，来进一步补充证明动态空间 FDI 流量与 PM2.5 的相关关系。我们首先利用 ADF-Fisher 检验对变量进行平稳性检验，结果发现 PM2.5 浓度和 FDI 水平序列均存在单位根，其中 F 值分别为 267.446 和 191.195，P 值均为 1.000，而对其一阶差分进行检验时，均拒绝"存在单位根"的原假设，其中 F 值分别为 721.245 和 675.067，P 值均为 0.000。表明 FDI 流量与雾霾(PM2.5)浓度都是"一阶单整"序列，因此可以进行格兰杰检验。假设 ln*fdi* 不是 ln*pm* 的格兰杰原因，但检验结果在 1%的显著水平上拒绝原假设，表明 ln*fdi* 流量是 ln*pm* 的格兰杰原因；同时假设 ln*pm* 不是 ln*fdi* 的格兰杰原因，而 P 值为 0.7323，表示接受了原假设，即表明 ln*pm* 不是 ln*fdi* 的格兰杰原因，证实了 FDI 与 PM2.5 浓度之间存在单向因果关系，结合上述空间计量的结果，表明了 FDI 与雾霾(PM2.5)污染均存在空间正相关关系亦存在因果关系。

5.3 本章小结

本章利用探索性空间数据分析(ESDA)方法，对中国雾霾(PM2.5)污染的区域分布及空间依赖性和集聚效应进行分析，基于 EKC 假说构建了空间面板数据模型，结果发现动态空间面板模型更优于静态空间面板模型，中国雾霾(PM2.5)污染存在"叠加效应"和"溢出效应"。本章将动态空间面板模型纳入 FDI 与雾霾

(PM2.5)的关系研究中，为 FDI 对中国雾霾(PM2.5)污染影响的实证研究提供了一个新的视角，主要结论如下：

第一，中国雾霾(PM2.5)污染受到时滞项影响较大，即“叠加效应”大于“溢出效应”，同时还表明中国雾霾(PM2.5)污染在时间维度、空间维度及其时空维度上分别表现出累积、交叉、持续的演变特征。

第二，实证结果表明，FDI 对中国雾霾(PM2.5)污染产生显著的增促效应。人均 GDP 的一次项系数为负值，二次项系数为正值，研究结果较为统一的证实了中国经济增长与各省域的雾霾(PM2.5)污染之间可能存在微弱的正 U 形关系，表明随着人均 GDP 的增加，雾霾(PM2.5)污染可能会呈现先下降，后上升的趋势，表明中国各省的雾霾(PM2.5)污染与经济增长将逐渐进入正相关阶段，经典的 EKC 假说所指出的最高拐点到来时间尚不明确。以上结果还表明 FDI 是导致雾霾(PM2.5)污染升高的重要影响因素，说明了中国目前在吸引和利用 FDI 时，离环保目标的最优水平还有一定距离。

本章主要对 FDI 与中国雾霾(PM2.5)污染的空间依赖性以及 FDI 对中国雾霾(PM2.5)污染的影响进行了分析。由于中国各区域的发展政策不均衡，体现在对外开放上采取东、中、西分阶段推进的策略，以致我国东、中、西部城市的经济发展水平、速度、结构、基础设施、研发投入、人力资本存量等方面存在很大差异，而区域经济初始条件的不同可能导致 FDI 环境效应产生异质性。下一章还需要考察东、中、西部地区的 FDI 对雾霾(PM2.5)污染的异质性影响，来进一步证实“污染避难所”假说。

第 6 章　FDI 对中国雾霾(PM2.5)污染影响的空间异质性分析

第 5 章分析了 FDI 与中国雾霾(PM2.5)污染的关系，证实了 FDI 与雾霾(PM2.5)污染的空间依赖性，通过空间依赖性分析反映了 FDI 环境效应的平均水平和总体状况，说明了空间依赖性是空间效应识别的重要特征之一。吴玉鸣(2007)认为空间效应识别不仅来源于空间依赖性(Spatial Dependence)，还来源来于空间异质性(Spatial Heterogeneity)或空间差异性。空间异质性是指地理空间上的区域缺乏均质性特征，导致在经济社会发展上存在较大的空间差异。空间异质性反映了经济实践中空间观测单元间经济行为关系的一种普遍存在的不稳定性。结合我国改革开放以来利用外资的概况，FDI 地区分布呈现出显著的区域间的非均衡性，即 FDI 高度集中在东部地区，区位上呈现出从南到北、由东到西逐步推进的趋势，故本章从空间异质性的角度研究 FDI 对不同地区的雾霾(PM2.5)污染的影响。通过以上研究我们发现，FDI 对环境质量的影响方面，现有理论和实证研究均得到了较为丰富的成果。但是在一些方面仍存在不足之处，如现有较为代表性的理论如"污染避难所"和"污染光环"在理论上均有较强的说服力，也均得到了实证研究的支持，使得 FDI 对中国雾霾(PM2.5)污染影响研究在此问题上还存在一定的分歧。所以从不同角度来证实 FDI 对中国雾霾(PM2.5)污染的影响方向和程度，并对研究结论进行科学的解释，是该领域面临的重要挑战。

6.1　FDI 对中国雾霾(PM2.5)污染影响的空间异质性实证分析

本章利用动态空间面板模型结合系统广义矩估计(SGMM)方法来对全国以及

区域样本进行分析，以中国 241 个地级市面板数据为研究样本，实证分析 FDI 是否对我国东、中、西部地区的雾霾(PM2.5)污染均具有消极影响。同时，在现有文献基础上，在实证研究方法中进行了如下拓展：第一，将动态空间面板模型结合系统广义矩估计(SGMM)方法纳入 FDI 对中国雾霾(PM2.5)污染影响的模型中分析，不仅可以减少由于控制变量设置不全面所导致的被解释变量未被完全控制和测量误差的问题，还可以控制被解释变量和解释变量相互影响等问题。系统广义矩估计(SGMM)通常被视为解决内生性问题的一种有效方法，可以减少模型估计中雾霾(PM2.5)污染由于大气环流或大气化学作用等自然因素所导致的内生性问题，从而提高模型的估计精度。第二，在区域研究上更加深入，通过构建东、中、西的空间地理权重矩阵，在 EKC 模型的框架下进行了动态空间面板模型估计，使 FDI 对区域雾霾(PM2.5)污染影响的研究更加全面，使政策更具有针对性。

6.1.1　空间计量模型设定

Grossman 提出了环境库兹涅兹曲线(EKC)的概念，认为环境质量会伴随最初的经济增长而恶化，但达到某个临界值时，环境污染的程度开始有所缓解，即呈现出倒 U 形发展轨迹，为经济增长和环境污染之间的关系研究奠定了坚实的理论基础。我们参照 Antweiler 等文献的做法，将经济增长分解为一次项、二次项，用来考察在经济快速增长下中国 FDI 对 PM2.5 浓度的影响，故本章建立如下计量模型：

$$\ln \mathrm{PM}_{it} = \beta_0 + \beta_1 \ln \mathrm{agdp}_{it} + \beta_2 (\ln \mathrm{agdp}_{it})^2 + \beta_3 \ln \mathrm{fdi}_{it} + \beta_4 \mathrm{gov}_{it} + \beta_5 \mathrm{tech}_{it} + \beta_6 \mathrm{is}_{it} + \beta_7 \mathrm{lngl}_{it} + \mu_{it} \tag{6.1}$$

式(6.1)中，$\ln \mathrm{pm}_{it}$ 表示第 i 个地区第 t 个时期的 PM2.5 浓度，fdi_{it} 为第 i 个地区的外商直接投资水平、gov_{it} 为第 i 个地区的政府财政投入(科技投入除外)、为第 i 个地区的第二产业增加值比例、tech_{it} 为第 i 个地区的技术研发强度、is_{it} 为第 i 个地区的园林绿地面积，μ_{it} 为正态分布的随机误差项。

本章的控制变量与第五章一致，数据覆盖时间为 1998—2012 年，为与中国雾霾(PM2.5)污染数据相匹配，故将 1998 年至 2012 年数据进行 3 年平滑处理，最终选定 241 个城市的平均数据。以上数据均来源于《中国城市统计年鉴》和《中国统计年鉴》。表6-1报告了处理后的各变量的描述统计情况。

表6-1 **变量的统计性描述**

	样本量	平均值	标准差	最小值	最大值
pm(μg/m³)	3133	50.342 4	25.0264	5.7165	128.2011
agdp(元/人)	3133	16 164.39	13 010.96	0	134 076.8
fdi(元)	3133	240 490.3	572 152	0	5297 303
gl(%)	3133	33.919	14.776	0	379.9333
tech(元)	3133	13 073.18	67873.74	0	1410 444
gov(元)	3133	715 029	1 437 467	0	2.24E+07
is(%)	3133	49.128 4	11.907 9	0	90.69

6.2 探索性空间数据分析

6.2.1 全局空间自相关检验

为了解释区域雾霾(PM2.5)污染、FDI的空间依赖性，首先需要测算出全域和局域空间依赖性检验。全域空间依赖性常用于分析空间数据在整个系统内表现出的分布特征，一般通过 Moran's *I* 和 Geary'*C* 指数来测度(见表6-2)。Moran's *I* 指数和 Geary'*C* 指数可以诠释出经济活动的全域空间依赖性，而通过 Moran's *I* 散点图可以诠释出每个个体的局域特征，来观察出高观测值与低观测值的空间集聚特征。

表6-2 **1998—2012年中国雾霾(PM2.5)污染的全局 Moran's *I* 和 Geary'*C* 指数值**

年份	Lnpm		Lnfdi	
	Moran's *I*	Geary's *C*	Moran's *I*	Geary's C
1998—2000	0.541***	0.398***	0.388***	0.743***
1999—2001	0.586***	0.385***	0.263***	0.736***

续表

年份	Lnpm		Lnfdi	
	Moran's *I*	Geary's *C*	Moran's *I*	Geary's C
2000—2002	0.596***	0.372***	0.321***	0.672***
2001—2003	0.583***	0.382***	0.367***	0.625***
2002—2004	0.563***	0.400***	0.377***	0.606***
2003—2005	0.537***	0.414***	0.381***	0.602***
2004—2006	0.537***	0.414***	0.347***	0.630***
2005—2007	0.545***	0.406***	0.347***	0.639***
2006—2008	0.536***	0.415***	0.337***	0.652***
2007—2009	0.529***	0.418***	0.349***	0.642***
2008—2010	0.529***	0.418***	0.338***	0.656***
2009—2011	0.526***	0.423***	0.311***	0.675***
2010—2012	0.539***	0.425***	0.298***	0.686***

6.2.2　局域空间自相关检验

图 6-1 和图 6-2 报告了地理距离权重矩阵下部分年份中国雾霾(PM2.5)污染的空间分布散点图。在图 6-1 中，1998—2000 年有 209 个城市莫兰指数位于第一象限和 21 个城市雾霾(PM2.5)污染的莫兰指数位于第三象限，分别占总样本的 90.08%和 9.05%。2010—2012 年中分别有 196 个城市和 31 个城市雾霾(PM2.5)污染 Moran's I 分别位于第一象限和第三象限，占总样本的 84.48%和 13.36%。图 6-2 中，1998—2000 年有 170 个城市的莫兰指数位于第一象限和 56 个城市的莫兰指数位于第三象限，分别占总样本的 73.27%和 24.13%。2010—2012 年分别有 151 个城市和 76 个城市的 FDI 莫兰分别位于第一象限和第三象限，占总样本的 65.08%和 32.76%。在 1998—2000 年，雾霾(PM2.5)和 FDI 第一象限重叠的城市有 156 个，第三象限重叠的城市有 9 个。在 2010—2012 年，雾霾(PM2.5)和 FDI 第一象限重叠的城市有 129 个，第三象限重叠城市有 12 个。

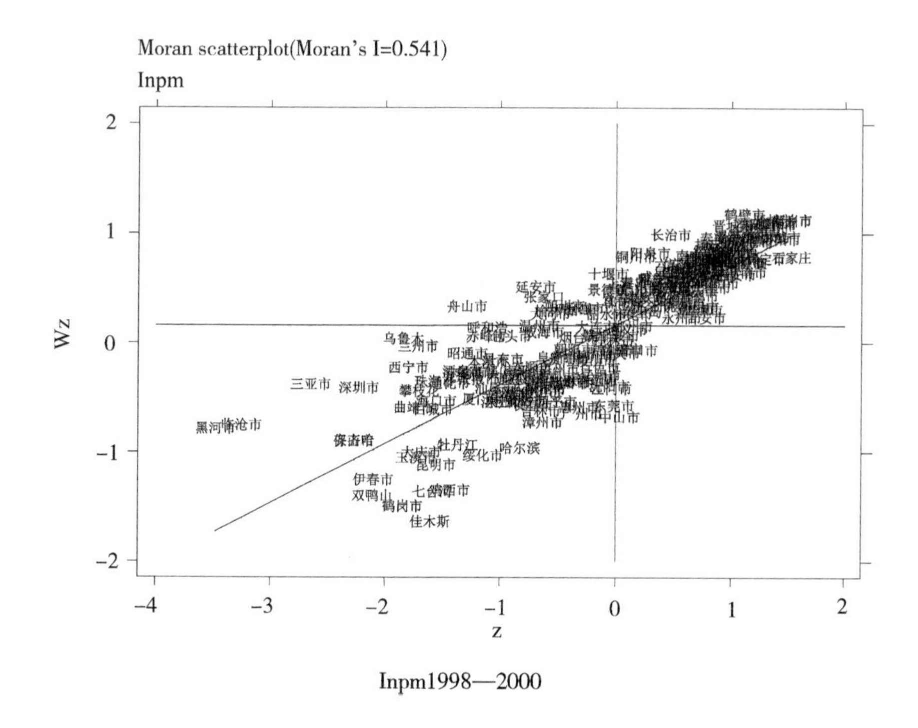

lnpm1998—2000

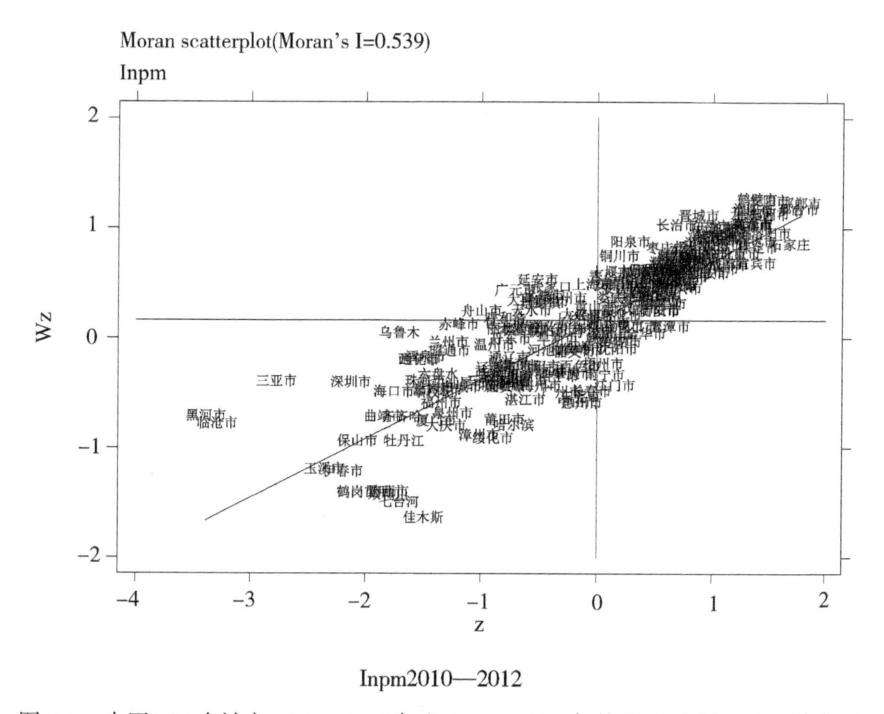

lnpm2010—2012

图 6-1　中国 241 个城市 1998—2000 年和 2010—2012 年的 PM2.5 Moran's I 散点图

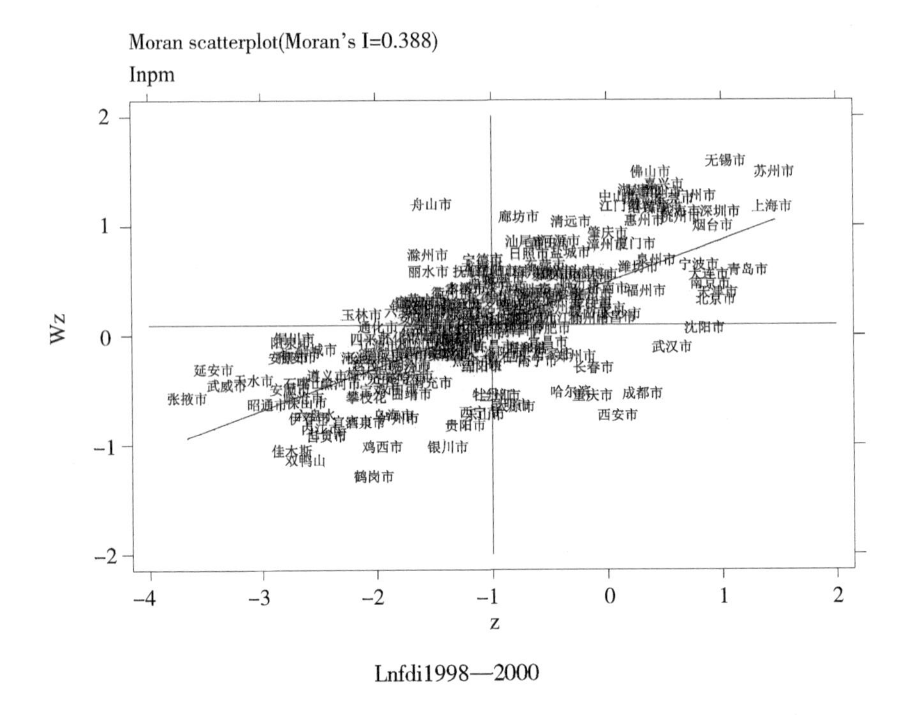

Lnfdi1998—2000

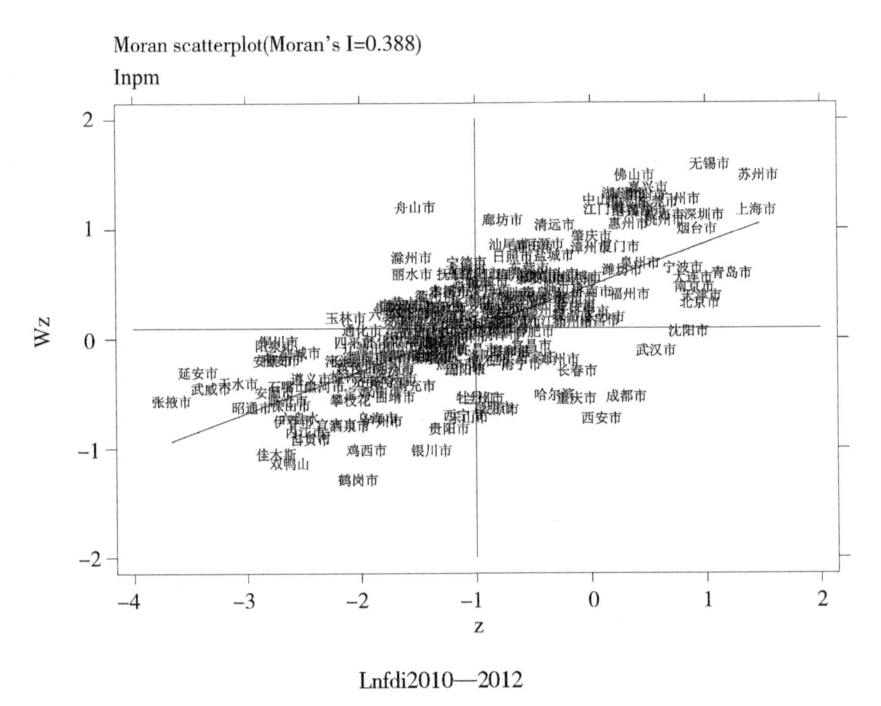

Lnfdi2010—2012

图6-2　中国241个城市1998—2000年和2010—2012年的FDI Moran's *I* 散点图

结果表明，第一，中国大部分城市雾霾(PM2.5)污染和FDI都具有显著高-高集聚和低-低集聚特征，存在显著的空间依赖性。第二，中国雾霾(PM2.5)污染高值区域和FDI高值区域有较高的重叠性，雾霾(PM2.5)污染低值区域和FDI低值区域有较高的重叠性，表明FDI高值集聚区一般是雾霾(PM2.5)污染高值集聚区，FDI低值集聚区一般是雾霾(PM2.5)污染低值集聚区。表明一个地区的引资效果和雾霾(PM2.5)污染在地理上的集聚密切相关。为了进一步验证FDI与雾霾(PM2.5)的空间依赖性，本章将利用空间计量模型进行实证研究。

6.3 实证结果分析

6.3.1 总样本实证结果

探索性空间数据分析证实了FDI的辐射效应和PM2.5的空间溢出效应，由于空间面板模型一般分为两种形式，分别为空间滞后模型(SLM)和空间误差模型(SEM)。一般采用LM(Lagrange Multiplier)来进行筛选，表6-3报告了空间面板模型的LM检验。在地理距离权重的条件设定下，对空间滞后模型(SLM)和空间误差模型(SEM)进行LM检验后，两个模型均在5%水平上显著，但空间滞后模型的*P*值显示更为显著。表明在地理权重条件设定下，空间滞后模型优于空间误差模型，故后文均将采用空间滞后模型进行分析。

表6-3 **空间面板模型的LM检验**

LM检验	χ^2	*P*值
No lag	276.331	0.000
No lag(robust)	56.697	0.000
No error	223.669	0.000
No error(robust)	4.035	0.045

利用动态空间面板模型进行估计的文献研究中，较多文献结合固定效应模型(fe)和聚合最小二乘法(POLS)模型进行估计，然而以上两种方法均缺乏对内生

性问题进行控制。广义矩估计(GMM)通常被视为解决内生性问题的一种有效方法，并且适用于截面单位多而时间跨度小(大N小T)型的面板数据。本章选取的241个城市15年的面板数据样本可以很好地满足这一要求。表6-4报告了FDI存量的动态空间滞后效应模型(SLM)结合广义矩估计(SGMM)方法的参数估计结果，结论如下：

表6-4 **全样本动态空间面板模型估计结果**

	估计系数	标准差	T值	95%置信区间	
$\text{lnpm}_{t-1}(\theta)$	0.870***	0.002 0	416.78	0.866 3	0.8745
$w^*\text{lnpm}\ (\rho)$	4.456***	0.639 3	6.97	3.202 6	5.709 9
lnagdp	0.248***	0.018 8	13.18	0.211 5	0.285 4
$(\text{lnagdp})^2$	-0.015***	0.000 9	-16.48	-0.017 2	-0.013 5
lnfdi	0.011***	0.000 5	18.72	0.009 7	0.012 0
lng	-0.007***	0.001 3	-5.44	-0.01	-0.004 7
lntech	-0.008 7***	0.000 5	-16.47	-0.009 8	-0.007 7
lngov	0.0043***	0.001 1	0.00437	0.002 1	0.006 5
lnis	0.0363***	0.006 1	0.03638	0.024 3	0.048 3
常数项	-0.690 5***	0.075 4	-0.6905	-0.838 5	-0.542 5
Wald Test			439 369.48		
F-test			48 818.8		
SLMgan Test			232.480		
P值			1.000		
R^2 Adj			0.9935		
Log L			2944.860 5		
样本数			3133		

注：*、**、***分别表示10%、5%和1%的显著性水平；()内为稳健标准差值；以下各表同。

第一，在动态空间面板模型中，全样本估计回归结果的SLM统计量均小于0.1，表明所设定的模型符合SGMM的要求，SGMM估计不存在工具变量过度识别的问题，采用的工具变量是合理有效的。同时，时间滞后系数 θ 均在 1%的水平上显著为正，且时滞项系数（θ）在 0.87 水平上，再次证实了中国雾霾（PM2.5）污染存在明显的时间滞后性，表明了中国雾霾（PM2.5）污染在时间维度上具有“叠加效应”，即如果上一期的雾霾（PM2.5）污染较高，那么下一期雾霾（PM2.5）污染则有继续走高的可能。同时，空间滞后系数 ρ 均在 1%的水平上显著为正，且空间滞后项系数（ρ）在 4.45 水平上，再次证实了中国雾霾（PM2.5）污染存在明显的空间溢出效应。

第二，通过动态空间计量模型，我们证实了 FDI 存量对雾霾（PM2.5）污染产生了促增效应这一结论。其原因是中国雾霾（PM2.5）污染受到 FDI 的规模效应、结构效应和技术效应的综合作用。规模效应是指一国（地区）为了弥补该国（地区）资金短缺，通过吸引外资使生产规模得到进一步扩大。FDI 的流入带动了更多的劳动力和资源投入，而更多的资源消耗使中国自然资源过度开发，能源消耗规模扩大，带来了更多的污染和环境压力，因此 FDI 规模效应给中国环境带来了负效应；结构效应是指由于 FDI 的引进，导致东道国产业结构发生变化的过程。在工业化和城市化进程中，FDI 的流入引起污染密集型产业的扩张，提高了能耗和污染排放水平，进而对环境质量产生负效应；技术效应是指由 FDI 带来的环境技术的扩散和推广所造成的污染程度和治污成本的不断降低或增加。FDI 集合了先进的技术和管理，在促进中国经济增长的过程中，利用先进技术和管理，通过示范效应、竞争效应、知识溢出效应，减少了当地单位生产的资源消耗和污染排放，改善了环境质量。而 FDI 的技术效应在中国主要表现在提高生产率的技术上，而较少倾向于污染减少型技术，所以 FDI 技术效应对中国雾霾（PM2.5）污染存在两面性。总之，FDI 总环境效应是三个效应的中和作用结果。实证结果表明 FDI 对中国雾霾（PM2.5）污染的总效应为促增效应，在地理权重设置下，FDI 存量每升高 1%，雾霾（PM2.5）浓度升高 0.011%。证实了 FDI 对雾霾（PM2.5）污染的加剧有促增效应，说明了中国目前在吸引和利用 FDI 时，离最优水平还有一定距离。

第三，在动态空间面板模型估计的其他影响因素中，我们发现人均 GDP 的一次项系数均为负值，二次项系数均为正值，结果证实了中国省域中国雾霾（PM2.5）污染与经济增长的倒 U 形关系显著存在，而且其一次项、二次项显著程度均在1%水平上显著。表明中国各城市的雾霾(PM2.5)污染与经济增长将逐渐进入负相关阶段。从表征技术创新投入水平的研发强度系数估计结果来看，研发投入强度对雾霾(PM2.5)浓度的降低具有降减效应，尤其是研发强度系数均在5%的水平上显著，结果表明中国的技术研发强度可能更多被用于绿色技术进步，从而对雾霾(PM2.5)污染产生降减效应。第二产业比重增加均在1%的水平上对中国雾霾(PM2.5)污染表现出显著的增促效应，该结论与Poumanyvong和Kaneko研究一致。绿化面积覆盖率均在1%的水平上对中国雾霾(PM2.5)污染表现出显著降减效应。

6.3.2　区域层面实证结果

国家层面的FDI环境效应反映国家整体平均水平和总体状况，但整体的评价反映不了区域间的非典型特征，较多学者证实了FDI的环境效应在东、中、西部地区间存在差异，如吴静芳(2011)研究了地区研发投入、外资流入额以及人才集中程度对我国东、中、西部地区创新能力的影响，发现外资对不同地区创新能力的影响领域和影响程度上的差异与地区间经济发展的差异较为一致，如外资在东部地区的溢出效应体现在“发明专利创新”等较高端的领域，在中西部地区的溢出效应则体现在“包装外观设计创新”等较低端领域。还有潘文卿(2003)通过分析外资对我国各地区产业的溢出效应，发现西部地区尚未达到外资起积极作用的门槛值，而东部地区内资企业受到的溢出效应正在递减，中部地区受到溢出效应的正向影响相对较大。陈凌佳(2008)也研究了FDI对我国整体以及不同区域的环境影响，发现这种负面影响在地域上呈现“东低西高”的态势。白红菊(2015)在分析FDI对东、中、西部地区产生的碳排放影响的异质性时认为FDI对东部地区的碳排放效果会产生“马太效应”，东部地区由于良好的人力资本和基础设施可以强化FDI的清洁效应，而中西部地区由于基础设施不完善和技术水平的低下反而会强化FDI的污染效应。以上研究意味着，不同的地区由于其地理位置、人力资本和基础设施使FDI具有不同规模外，FDI流入不同区域，对当地所产生的环境效应、技术溢出效应也会在区域间产生差别。故有必要对东、中、西部地区的FDI对雾霾(PM2.5)污染影响进行检验来分析中国不同地区的FDI对雾霾(PM2.5)的影响程度。故下文将分地区样本进行回归分析。

表6-5结果表明，分地区样本估计回归结果的LM统计量均小于0.1，表明东、中、西部地区符合SGMM的要求，分地区样本执行的SGMM估计不存在工具变量过度识别的问题，采用的工具变量是合理有效的。另外，从Wald检验和对数似然值(Log -likehood)以及拟合优度(R^2)的结果来看，各个分样本模型的拟合效果均较为理想。从空间维度上看，空间滞后系数ρ在1%的水平上显著为正，再次表明中国城市的中国雾霾(PM2.5)污染在东、中、西部地区均存在明显的空间溢出效应。西部城市的FDI的影响系数不显著，表明FDI对西部城市雾霾(PM2.5)污染影响并不显著。表6-5的实证结果表明东部城市FDI存量每升高1%，PM2.5浓度升高0.0019%；中部城市FDI存量每升高1%，PM2.5浓度升高0.0183%；而西部城市FDI存量对雾霾(PM2.5)污染影响不显著，表明东部和中部城市的FDI的显著水平在1%水平下均显著，表明FDI对东中部城市雾霾(PM2.5)污染均具有增促效应，说明对于中国雾霾(PM2.5)污染而言，“污染避难所”假说在中国东、中部城市是成立的。

表6-5　　东、中、西部城市动态空间面板模型估计回归结果

	东	中	西
$lnpm_{t-1}$	0.887 9***	0.923 2***	0.809 6***
	(0.132 6)	(0.1140)	(0.035 4)
$w^* lnpm_{t-1}$	12.995 3	1.164 2	54.291 8
	(2.912 3)	(4.122 7)	(48.305 9)
lngdp	0.263 8***	0.163 5***	0.127 4
	(0.080 6)	(0.071 5)	(0.162 8)
$(lngdp)^2$	-0.016 2***	-0.012 1***	-0.009 2
	(0.041 1)	(0.003 7)	(0.008 4)
lnfdi	0.001 9***	0.018 3***	-0.000 8
	(0.002 2)	(0.000)	(0.832)
lng	0.005 6	0.001 7	0.005 5
	(0.142 3)	(0.905)	(0.009 5)

续表

	东	中	西
lntech	-0.004 2***	-0.007 7***	-0.008 9
	(0.001 6)	(0.001 1)	(0.005 5)
lngov	0.091 1	-0.011 4***	0.025 7***
	(0.003 3)	(0.002 8)	(0.006 4)
lnis	0.001 9***	0.064 4***	0.005 2
	(0.0231)	(0.0302237)	(0.07102)
ρ	12.995 3***	1.164 2***	54.291 9
	(0.000)	(0.000)	(0.000)
R^2	0.9930	0.9844	0.9072
观察数	1104	1080	684
观察组数	92	90	57
Log-likehood	1234.291	1097.699	606.87
SLMgan Test	83.479	80.707	52.372
P 值	1.000	1.000	1.000

东部地区的 FDI 规模要远远大于中西部地区，东、中、西部地区在 1998—2014 年间 FDI 平均投资规模分别为 11.08 万亿元、12766.78 亿元、9524.48 亿元。东、中部地区的雾霾(PM2.5)污染平均水平较西部地区高，东、中、西部地区在 1998—2012 年间 PM2.5 平均雾霾(PM2.5)污染分别为 56.27μg/m^3、57.06μg/m^3、35.36μg/m^3。上述结果进一步说明了东、中、西部 FDI 对雾霾(PM2.5)浓度影响存在异质性，主要表现在东部 FDI 结构相对中部地区更优质化、清洁化，对雾霾(PM2.5)污染的贡献度较少；中部地区 FDI 对雾霾(PM2.5)污染的贡献度较高；西部 FDI 对雾霾(PM2.5)污染贡献则不显著。说明中部城市要更加注重优化外商投资结构，重视吸引环保技术密集型外商投资企业到中部城市，提高“清洁化”外资比重。在东、中西部地区，较多学者同样证实了 FDI 与环境污染之间存在异质性，如苏振东和周玮庆(2010)从国家层面和区域层面对 FDI 与中国环境质量之间关系进行了揭示，研究发现 FDI 加剧了我国的环境污染，而且在东、中、西部地区之间呈现“东高西低”的梯度特征。牛海霞和胡佳

雨(2011)利用28个省市的面板数据分析发现FDI与我国碳排放成正相关关系，在区域分析中发现东部地区与中西部地区存在异质性，如东部FDI的碳排放弹性系数最大、能耗强度最低，而FDI对中西部地区的碳排放影响较小，其影响程度自东部至西部逐渐减弱。

6.4 本章小结

本章利用1998—2012年中国241个城市的空间面板数据，采用Moran's *I* 和Geary's *C* 指数对中国雾霾(PM2.5)污染的全域空间自相关性和局域空间自相关性进行测度，基于EKC假说构建了空间面板数据模型，其结论如下：

第一，本研究利用探索性空间数据分析(ESDA)方法，发现中国大部分城市雾霾(PM2.5)污染和FDI都具有显著高-高集聚和低-低集聚特征，存在显著的空间依赖性和空间异质性，证实了中国雾霾(PM2.5)污染的溢出效应以及FDI辐射效应的存在。在地理距离权重设置下，FDI高值集聚区域一般是PM2.5高值集聚区，FDI低值集聚区域一般是PM2.5低值集聚区域。表明一个地区的引资效果和在地理上的集聚密切相关。在制定政策时，应该充分考虑到FDI与雾霾的空间特性。FDI的辐射效应对中国的经济结构转型、能效降低、绿色环保技术创新和吸收能力产生的积极影响虽然功不可没，但来自FDI的负向环境效应的影响仍不容忽视。国家层面在制定FDI政策时，应该一如既往地吸引优质外资，促进优质的FDI对中国技术进步所产生的直接和间接的辐射效应和示范效应，并将雾霾(PM2.5)作为新的污染指标纳入甄别优质FDI的评价分析中。

第二，全样本下动态空间面板模型的结果表明雾霾(PM2.5)污染受到的空间滞后项影响较大，即“溢出效应”大于“叠加效应”，表明中国雾霾(PM2.5)污染在空间维度、时间维度、时空维度上分别表现出交叉、累积、持续的演变特征。

第三，在对不同区域雾霾(PM2.5)污染影响结果中，FDI均为影响东中部地区雾霾(PM2.5)污染的重要因素，但西部地区并不显著。由于东部地区资源成本的提高导致FDI有向中西部转移的趋势，同时也有可能存在两高一低产业(高耗能、高污染、低产值)的转移，这将进一步加大中西部地区的环境压力。地方政府是环保政策的主导者和设计者，完善和加强对地方政府的规制是规避“向底线赛跑”的有效措施。同时，中西部地区应积极完善配套基础设施、优化产业链、积累高端技术性人力资本，吸引更多环保技术密集型外资企业。东部地区则应该积极发挥示范效应，鼓励环保技术创新项目、加大新能源的开发和应用力度，提高自身对外资技术的吸收消化能力和自主研发能力。

本章通过 FDI 对中国雾霾(PM2.5)污染空间异质性影响的分析，证实了 FDI 对中国雾霾(PM2.5)污染存在空间异质性，表明了地理区位、资源禀赋、发展水平、基础设施以及不同来源地 FDI 等都是导致 FDI 对中国雾霾(PM2.5)污染空间异质性影响的重要因素。为了进一步分析区域异质性的原因和因素，下一章将从不同来源地 FDI 对中国雾霾(PM2.5)污染影响的角度来论证和分析。

第7章　不同来源地 FDI 对中国雾霾 (PM2.5)污染影响分析

由于国情不同，流入我国的 FDI 与流入其他国家的相比呈现出许多显著差异，主要体现在投资国家或地区的经济发展水平、科技发展水平、对华投资模式与动机、投资产业分布、投资规模、文化理念和本土化策略等因素上，这些因素均会对东道国环境产生直接或间接影响，仅将 FDI 视为一个整体而忽略不同国别或地区的不同要素存在的差异，可能使 FDI 对中国雾霾的影响的认识不够全面。故本章选取了对华实际直接投资较高的前十位国家或地区的 FDI 作为研究对象，并借鉴联合国 SITC 以及杨树旺(2007)的分类方法，从不同来源地 FDI 的角度分析中国港澳台地区投资、欧美日投资以及东(南)亚投资对中国内地雾霾(PM2.5)污染的影响是否存在异同。同时根据中国国情，结合东、中、西部地区地理区位、经济发展、资源禀赋、基础设施等方面的差异，进一步分析不同来源地 FDI 对我国全境和区域雾霾(PM2.5)污染的影响。为此，本章利用中国 21 个省份面板数据为研究样本，利用静态面板的固定效应和随机效应模型来识别不同来源地的 FDI 存量和流量对全国以及不同区域雾霾(PM2.5)污染的影响。

7.1　STIRPAT 模型构建

本章从雾霾污染的角度考察不同来源地 FDI 的环境效应，考察来自中国港澳台地区、欧美日和东(南)亚国家的 FDI 对我国内地雾霾(PM2.5)影响的是否存在异同。

在 FDI 环境效应的模型分析中，较为典型的研究来自 Copeland 和 Taylor[4](1994)年和盛斌和吕越(2012)的 FDI 环境效应模型。Copeland 和 Taylor(1994)首次将环境效应纳入南北贸易模型，假设世界上有两种国家，其中南方国家表示为发展中国家，北方国家表示为发达国家。其中南方国家变量由(*)表示，其中私人消费品设为 $Z \in [0, 1]$，其中污染物假设为消费品，我们假设生产 Z 个产品需要 Y 个产量，排污量为 d，以及劳动力投入为 1。构建的模型基本如下：

$$y(d, l; z) = \left\{ \frac{l^{l-\alpha(z)} d^{\alpha(z)}}{0} \right\} \tag{7.1}$$

其中，当 $d \leqslant \lambda I$ 时，y 为分子式，当 $d > \lambda I$ 时，y 为零值。$\alpha(z)$ 是产品间的异质性参数，并假定 $\alpha(z) \in [\alpha, \alpha]$，而且 $0 < \alpha < \alpha < 1$。式(7.1)将生产 Z 产品时，将污染物可以作为劳动力进行替换，作为一种投入品进行计算。如果企业的排污没有被限制，它们将不会采取减排措施，在式(7.1)中表达为 $d = \lambda I$。同样，如果污染税 τ 加入，而且 ω_e 是单位劳动力的回报率，那么公司的每个劳动力所产生的最小化的污染排放物表示为：

$$\frac{\omega_e}{\tau} = \frac{1 - \alpha(z)}{\alpha(z)} \frac{d}{l} \tag{7.2}$$

在南北贸易模型中假设贸易主要受到国家间环境规制的影响，这为贸易与环境污染的提供了一个有利的分析框架。我们假设命题 1：当北方国家生产所有的产品时，即 $z \in [0, z]$；当南方国家生产所有的产品时，即 $z \in (z, 1]$，$\tau > \tau^*$ 存在均衡。即在资源禀赋存在差异的前提下，当北方国家有相对高的收入，它将选择更高的污染税收，这样导致污染密集型行业选择留在南方国家。命题 2：如果命题 1 成立，贸易可以总是降低北方国家的污染水平，而增加南部的污染，从而增加了世界的污染程度。为了考察了命题 2 是否成立，将贸易对环境污染分解为规模效应、技术效应和结构效应：

$$\mathrm{d}D = \frac{\delta D}{\delta I}\mathrm{d}I + \frac{\delta D}{\delta \tau}\mathrm{d}\tau + \frac{\delta D}{\delta \bar{z}}\mathrm{d}\bar{z} \tag{7.3}$$

同样的分解可以应用在南方国家和世界范围内的污染。其中规模效应反映了在保持变的技术水平和生产结构的前提下，由于经济活动的增加导致污染程度加剧。规模效应通常为正，而污染增加的程度会存在差异性，而且在贸易结构和技术效应不变的前提下，污染增长的程度与收入之间存在比例关系：

$$\frac{\delta D}{\delta I} = \frac{\theta(\bar{z})}{\tau\varphi(\bar{z})} > 0, \text{ and } \frac{\delta D}{\delta D}\frac{I}{D} = 1 \tag{7.4}$$

同样，规模效应在南方国家也为正，而且与收入之间呈比例关系。技术效应考察的是当收入和产品的产量不产生变化时，使用节能减排技术对污染物的排放的减少程度，一般为负值：

$$\frac{\delta D}{\delta D} = -\frac{I\theta(\bar{z})}{\tau^2\varphi(\bar{z})} < 0 \tag{7.5}$$

最后，结构效应衡量的是当生产的结构发生变化时，所排放的污染物所产生的变化。对于北方国家，分化的收益率为：

$$\frac{\delta D}{\delta \bar{z}} = D\left[\frac{\theta'(\bar{z})}{\theta(\bar{z})} - \frac{\varphi'(\bar{z})}{\varphi(\bar{z})}\right] = \frac{Ib(\bar{z})}{\tau\varphi(\bar{z})^2}\int_0^{\bar{z}} [\alpha(\bar{z}) - \alpha(z)]\, b(z)\,\mathrm{d}z > 0 \tag{7.6}$$

如果收入和污染税固定不变，那么北方国家的污染会随着生产产量的增加而增加，这是由于北方国家的边际产品将比原来产品更趋向于污染密集型。对于南方国家来说，其分化收益率为：

$$\frac{\delta D}{\delta \bar{z}} = \frac{I*b(\bar{z})}{\tau*\varphi*(\bar{z})^2}\int_{\bar{z}}^{1} [\alpha(z) - \alpha(\bar{z})]\, b(z)\,\mathrm{d}z > 0 \tag{7.7}$$

由于南方国家的 $\bar{z}$ 是不断增长的，所以南方国家的结构效应为正。综上，我们发现虽然国际贸易改变了产品的生产地，但增加了实际收入，而且刺激了政府来调整污染税，结构效应是主导另外两个效应的主要因素。为了考察这三个效应的净效应，我们令 $\hat{D} = dD/D$ ，方程式表达为：

$$\hat{D} = \hat{I} - \hat{\tau} + (\hat{\theta} - \hat{\varphi}) \tag{7.8}$$

其中 $\hat{I}$ 是指规模效应， $-\hat{\tau}$ 是技术效应，$\hat{\theta} - \hat{\varphi}$ 是结构效应。这个变化过程在污染税里的表达式为：

$$\hat{\tau} = (\gamma - 1)\hat{D} + 1 \tag{7.9}$$

结合式(2.8) 和式(2.9)，方程式表达为：

$$\hat{D} = -\left[\frac{\gamma - 1}{\gamma}\right](\hat{\theta} - \hat{\varphi}) + (\hat{\theta} - \hat{\varphi}) \tag{7.10}$$

式(7.10) 的第一部分是规模效应和技术效应的净效应。如果 $\gamma = 1$，这个方程式表示为：技术效应抵消了规模效应。如果 $\gamma > 1$，技术效应将不仅能完全抵消规模效应，还将$(\gamma - 1)\gamma$ 结构效应抵消了。表明技术效应有正向影响也有可能具有负向影响。但由于南方国家环境规制水平较低，在污染密集型产业上更具有比较优势，所以在南方国家，其规模效应和结构效应对环境的负面影响往往大于技术效应对环境的正面影响。证实了假设：贸易开放改善了发达国家的环境质量，但却降低了发展中国家和世界范围内的环境质量。

由于 Copeland-Taylor 模型是一个分析贸易对环境污染影响的模型，并未说明 FDI 所起的作用。盛斌和吕越(2012)在 Copeland-Taylor 模型的基础上，从理论上构建了一个包含污染治理技术和环境管制政策因素在内的一般均衡模型来分析 FDI 对污染排放的影响。盛斌和吕越将人均污染排放量 z 写成如下对数形式：

$$\ln z = \beta_0 + \beta_1 \ln k - \beta_2 \mathrm{fdi} - \beta_3 \mathrm{rd} - \ln \tau + \xi + \mu + v \tag{7.11}$$

其中 fdi 为外资进入度，rd 为研发水平，τ 为污染成本，s 为产出规模，k 为人均资本存量。本章在考察雾霾污染程度时，借鉴盛斌和吕越(2012)的模型，以 PM2.5 浓度作为环境污染物，在模型中加入核心解释变量不同来源地的 FDI，来考察中国港澳台地区、欧美日和东(南)亚的不同来源地 FDI 对 PM2.5 浓度的影响。基于以上分析，扩展后的面板模型为：

$$\begin{aligned}\ln \mathrm{pm}_i = {} & \eta_i + \lambda_i + \ln\alpha + \beta_1 \ln \mathrm{fdi} + \beta_2 \ln \mathrm{agd}\, p_{it} + \beta_3 \ln \mathrm{rd}\, c_{it} + \beta_5 \ln \mathrm{e}\, c_{it} \\ & + \beta_5 \ln \mathrm{in}\, d_{it} + \beta_6 \ln \mathrm{p}\, \mathrm{d}_{it} + \beta_8 \ln p\, t_{it} + \varepsilon_{it}\end{aligned} \tag{7.12}$$

其中，i 为省份截面单元，t 为时间年份，$\ln \mathrm{agd} p_{it}$、$\ln \mathrm{rd} c_{it}$、$\ln \mathrm{es}_{it}$、$\ln \mathrm{ind}_{it}$、$\ln \mathrm{pd}_{it}$、$\ln \mathrm{pt}_{it}$ 分别为区域 i 在 t 时期人均 GDP、研发投入、能源消费量、产业结构、人口密度、客运量，其中 $\ln \mathrm{fdi}_{it}$ 指代的 $\ln \mathrm{fdi}_{hk}$、$\ln \mathrm{fid}_{europe}$、$\ln \mathrm{fdi}_{asia}$ 将分别代表来自我国港澳台地区的 FDI；来自美国、英国、德国、法国等欧洲国家的 FDI 和来自韩国、泰国、印度尼西亚、马来西亚、新加坡等东(南)亚国家的 FDI。其中，η_i 表示时间非观测效应，λ_i 表示地区非观测效应，ε_{it} 是与时间和地区都无关的随机误差项。为了避免共线性问题的存在，本章将对来自中国港澳台地区、欧美日和东(南)亚的 FDI 分别进行独立的实证检验。由于固定效应模型和随机效应模型是面板数据的常用方法，它们的差别在于随机效应模型假定不同来源地 FDI 服从随机分布，并且可以用一个随机变量来表示；而固定效应模型则假定这种来源国的差异是固定不变的，可以用常数来表示。由于本章以不同来源地的 FDI 作为核心解释变量，需要强调不同来源地 FDI 对我国雾霾污染影响的差异，故采用固定效应和随机效应模型进行估计，然后对结果进行 Hausman 检验，在不同来源国 FDI 的模型中判断出更为可靠的模型。

7.2　变量选取及数据处理

被解释变量：雾霾(PM2.5)浓度，本章所采用的源数据来自于哥伦比亚大学巴特尔研究所公布的相关数据。我们进一步采用 ArcGIS 软件将此栅格数据解析为中国 21 个省份的年均 PM2.5 浓度数据(因部分数据缺失，不包括我国香港、澳门、台湾地区、西藏自治区)。为了匹配该机构公布的 1998—2012 年的 PM2.5 的数据特征(三年均值数值)，本章对控制变量做了三年滑动平均处理。

核心解释变量：外商直接投资(fdi)，现有研究中表征 FDI 的主要有两种指标：第一种用各地区利用外资的流量来衡量，具有很强的动态特征。第二种是利用永续盘存法来分析 FDI 存量。本章同时采用流量(fdif)和存量(fdis)指标来分析 FDI 对中国雾霾(PM2.5)污染的影响，利用各地区实际利用外资额(fdi)来表征 FDI 流量变化，利用永续盘存法来计算 FDI 存量，其计算公式是：$FDI_{i,t} = FDI_{i,t-1}(1-\rho) + I_{i,t}$，$FDI_{i,t}$ 是 i 省 t 年 FDI 存量，折旧率 ρ 取值为 9.6%。根据对华 FDI 来源地，借鉴联合国 SITC 的分类方法，按各行业生产要素密集度程度作为标准进行划分，FDI 来源国(地区)可划分为以下三类：第一类：中国港澳台地区，以劳动密集型的中小企业为主。第二类，美、日、德、英、法等西方发达国家，以资本和技术密集型的大企业为主。第三类，韩国、印度尼西亚、新加坡、马来西亚、泰国、菲律宾等东(南)亚国家，以资本密集型或资源密集型为主(数据来自于中经网和各省统计年鉴)。对于各不同来源地的 FDI 均利用 GDP 平减指数进行了消胀处理，调整到 1998 年不变价格水平。

控制变量：(1)人均 GDP(gdp)。该指标可代表了各省份的经济发展水平，来说明不同经济规模下，来表征经济增长对雾霾(PM2.5)，该数据利用 GDP 平减指数进行了消胀处理，调整到了 1998 年不变价格水平。

(2)研发强度(rdc)。该指标从投入型变量的角度衡量了各地区研发强度并以 1998 年为基年，经过 GDP 平减指数调整后的实际研发投入额占当年 GDP 比重来表征研发投入对雾霾(PM2.5)污染的影响。

(3)产业结构(ind)。工业发展是中国雾霾的主要成因。本章选择各省份第二产业增加值占 GDP 比重，用于控制各省份产业结构对雾霾(PM2.5)污染的影响。

(4)能源消费(ec)。我国雾霾主要来源于化石燃料的使用，其中较大一部分源自于煤炭燃烧，本章选择各省份的煤炭消费量，用于反映能源消费对雾霾(PM2.5)污染的影响。

(5)交通运输(pt)。公路交通运输过程中汽车尾气是城市中国雾霾(PM2.5)污染的直接和间接来源。因此，本章利用各省公路客运量来分析交通因素对雾霾(PM2.5)污染的影响，以上数据均来源于各省份统计年鉴与中经网。

根据数据的可得性原则，本章采用 1998—2012 年中国 21 个省份数据，其中东部地区有 9 个省市(北京、天津、辽宁、上海、江苏、浙江、福建、山东和广东)；中部地区有 6 个省(山西、黑龙江、安徽、江西、河南、湖北)和西部地区 6 个省市自治区(广西、重庆、云南、山西、青海、新疆)。这 21 个省份集中了中国 85%以上的 FDI，可以反映不同来源地 FDI 对中国整体和区域雾霾(PM2.5)污染的影响，部分省份残缺的年份数据依据线性补差法补齐。

表 7-1　　变量数据描述

	样本量	均值	方差	最小值	最大值
pm(μg/m^3)	273	52.93259	25.145	12.1	112.9
$fdif_{hk}$(元)	273	2045994	2924388	0	1.80E+07
fdi_{europe}(元)	273	676575.4	1028390	0	6505870
fdi_{asia}(元)	273	40611 5	654928.2	0	3595944
agdp(元/人)	273	21719.16	17020.74	4161.406	83793.34
pd(平方公里/人)	273	2124.407	1345.281	25.5	5911.126
rdc(%)	273	0.0127118	0.0111052	0.001995	0.0584454
ind(%)	273	0.4769309	0.0710538	0.23267	0.6282437
ec(吨)	273	8958.31	7485.72	565.7333	38827.14
pt(辆)	273	70288.15	69801.32	1305.667	497450.7

7.3 实证结果分析

7.3.1 全国层面回归估计

表 7-2 和表 7-3 报告了不同来源地 FDI 存量和流量对雾霾(PM2.5)污染的总样本估计结果，表 7-2 中的模型(1)和(2)中的 Hausman 检验中卡方值为负，故表 7-2 中选择固定效应模型①，表 7-2 中 $lnfdi_{hk}$ 系数在固定效应模型中不显著；表 7-3 中的模型(1)和(2)中的 Hausman 检验中卡方值显著为正，故表 7-3 中选择固定效应模型，表 7-3 中 $lnfdi_{hk}$ 系数在固定效应模型中也不显著，表明中国港澳台地区的 FDI 对中国雾霾(PM2.5)污染影响不显著。

表 7-2 不同来源地 FDI 存量对中国雾霾(PM2.5)污染影响估计结果

	Fe	Re	Fe	Re	Fe	Re
	(1)	(2)	(3)	(4)	(5)	(6)
$lnfdi_{hk}$	0.025	0.053**	—	—	—	—
	(0.83)	(2.10)				
$lnfdi_{europe}$	—	—	0.0272**	0.0353***	—	—
			(1.99)	(2.78)		
$lnfdi_{asia}$	—	—	—	—	0.018	0.04329**
					(0.55)	(2.05)
lnagdp	0.311***	0.0811	0.0341***	0.1131*	0.3207***	0.098*
	(3.66)	(1.26)	(4.08)	(1.93)	(4.18)	(1.79)
lnpd	0.039*	0.0318	0.2502*	0.0234	0.031*	0.1697
	(1.91)	(1.54)	(1.77)	(1.23)	(1.70)	(0.99)
lnrdc	0.250***	0.2507***	-0.0306***	0.2465***	0.2584***	0.2675***
	(4.13)	(4.30)	(4.16)	(4.26)	(4.19)	(4.51)

① Li (2002)认为如果卡方 Chi 值为负则表明原假设不成立，应选择固定效应模型。

续表

	Fe	Re	Fe	Re	Fe	Re
	(1)	(2)	(3)	(4)	(5)	(6)
lnind	-0.027	-0.08115	-0.0301	-0.082	-0.0283	-0.075
	(-0.29)	(-0.65)	(-0.35)	(-0.68)	(-0.31)	(-0.68)
lnec	-0.359***	-0.11004	-0.35042***	-0.1149	-0.3491	-0.0933
	(-3.77)	(-1.49)	(-3.72)	(-1.55)	(-3.67)	(-1.30)
lnpt	0.0161	0.0755**	-0.0198	0.0755**	0.0167	0.077**
	(0.42)	(2.39)	(0.54)	(2.39)	(0.37)	(2.42)
常数项	4.2919***	3.302***	3.9367***	2.8859***	4.3294***	3.392***
	(5.63)	(4.76)	(5.10)	(4.11)	(5.72)	(4.88)
R^2	0.508	0.4912	0.5162	0.5008	0.5084	0.4914
F 值	35.92	239.11	37.03	247.06	35.90	241.37
Hausman 检验	-18.76		26.36***		5.87	
			(0.0004)		(0.5551)	

注：*、**、*** 分别表示 10%、5% 和 1% 的显著性水平；( )为 t 值或 z 值；以下各表同。

表 7-3　不同来源地 **FDI** 流量对中国雾霾(**PM2.5**)污染影响的估计结果

	Fe	Re	Fe	Re	Fe	Re
	(1)	(2)	(3)	(4)	(5)	(6)
$\ln fdi_{hk}$	-0.0076	0.0142	—	—	—	—
	(-0.54)	(0.53)				
$\ln fdi_{europe}$	—	—	0.053***	0.0545***	—	—
			(2.68)	(2.81)		
$\ln fdi_{asia}$	—	—	—	—	-0.00006	0.026
					(-0.62)	(1.00)
lnagdp	0.38509***	0.1547**	0.3523***	0.15833***	0.3701***	0.131**
	(4.81)	(2.39)	(5.10)	(2.77)	(4.83)	(2.29)

续表

	Fe	Re	Fe	Re	Fe	Re
	(1)	(2)	(3)	(4)	(5)	(6)
lnpd	0.033099	0.02363	0.236	0.0118	0.0339	0.0179
	(1.71)	(1.22)	(1.32)	(0.73)	(1.86)	(1.08)
lnrdc	0.246869***	0.2445***	0.236***	0.23192***	0.2449***	0.256***
	(4.18)	(4.26)	(4.08)	(4.11)	(4.05)	(4.39)
lnind	-0.0126	-0.07202	-0.05886	-0.0861	-0.013997	-0.0741
	(-0.25)	(-0.62)	(-0.42)	(-0.75)	(-0.22)	(-0.67)
lnec	-0.3824***	-0.1138	-0.3641***	-0.1057	-0.375***	-0.099
	(-4.05)	(-1.57)	(-3.94)	(-1.47)	(-4.02)	(-1.44)
lnpt	0.0085295	0.070729**	0.0076	0.0711**	0.0094	0.074**
	(0.23)	(2.24)	(0.23)	(2.28)	(0.15)	(2.32)
常数项	4.365707***	3.283751	3.786***	2.7123***	4.325***	3.315912
	(5.81)	(4.79)	(5.05)	(3.92)	(5.82)	(4.86)
R^2	0.5114	0.4912	0.5272	0.508	0.5111	0.4912
F 值	36.18	233.56	38.55	249.28	12.9	237.33
Hausman 检验	33.34***		20.42***		21.35***	
	(0.000)		(0.0047)		(0.0034)	

表7-2中模型(3)和(4)中Hausman检验中卡方值显著为正，故表7-2选择固定效应模型，表7-2中的lnfdi_{europe}系数在固定效应模型中显著为正，欧美日FDI存量每增加1%，中国雾霾(PM2.5)浓度升高0.0272%；表7-3中模型(3)和(4)中Hausman检验中卡方值显著为正，故表7-3选择固定效应模型，表7-3中的lnfdi_{europe}系数在固定效应模型中显著为正，表明欧美日FDI流量每增加1%，中国雾霾(PM2.5)浓度升高0.053%，表明欧美日的FDI对中国雾霾(PM2.5)污染影响为增促效应。

表7-2中模型(5)和(6)中Hausman检验中卡方值不显著，故表7-2选择随机效应模型，表7-2中的lnfdi_{asia}系数在随机效应模型中显著为正，东(南)亚的FDI存量每增加1%，中国雾霾(PM2.5)浓度升高0.04329%；表7-3中模型(5)和

(6)中 Hausman 检验中卡方值不显著，故表 7-3 选择固定效应模型，表 7-3 中的 $lnfdi_{asia}$ 系数在固定效应模型中不显著。表明东(南)亚的 FDI 对中国雾霾(PM2. 5)污染影响为增促效应。

由此可见，不同来源地的 FDI 对中国雾霾(PM2. 5)污染影响存在差异，来源于欧美日的 FDI 存量和流量对中国雾霾(PM2. 5)污染贡献最大；而来自韩国、泰国、新加坡、马来西亚、印度尼西亚 FDI 流量贡献较大；来自中国港澳台地区 FDI 存量和流量对中国内地雾霾(PM2. 5)污染影响不显著。其他解释变量中，我们发现人均 GDP、人口密度和研发投入系数均显著为正，表明人均 GDP、人口密度、研发投入均为中国雾霾(PM2. 5)污染升高的重要影响因素，其中研发投入对中国雾霾(PM2. 5)污染升高有增促效应表明中国研发投入仍然以生产技术投入为主，对环保技术投入较少。

7. 3. 2　区域层面回归估计

同时，由于中国东、中、西部的经济发展方式、资源要素禀赋、产业结构、吸收外资规模等方面都具有较大差异，为了进一步探索不同来源地 FDI 对东、中、西的雾霾(PM2. 5)污染影响的异质性和趋同性，本章将总样本的 21 个省份，划分为东部 9 个省份、中部 6 个省份、西部 6 个省份进行分样本回归。

表 7-4 和表 7-5 报告了不同来源地 FDI 存量和流量对东部雾霾(PM2. 5)污染影响的估计结果。我们发现，$lnfdi_{hk}$存量和流量对东部雾霾(PM2. 5)污染影响不显著，表明中国港澳台地区对我国东部雾霾(PM2. 5)污染没有显著影响。$lnfdi_{europe}$系数在表 7-4 和表 7-5 固定效应模型中 5%水平上均显著为正，其中 FDI 存量每增加 1%，雾霾(PM2. 5)污染升高 0. 1645%，FDI 存量每增加 1%，东部雾霾(PM2. 5)浓度升高 0. 2704%，表明来自欧美日的 FDI 对东部地区雾霾(PM2. 5)浓度的升高贡献显著，并具有长期的影响。$lnfdi_{asia}$系数在表 7-4 和表 7-5 中的固定效应模型均显著为正，而表中 Hausman 检验中卡方值均为负，表明应该选择固定效应模型。其中，FDI 存量每增加 1%，雾霾(PM2. 5)浓度升高 0. 1322%；FDI 流量对东部地区雾霾(PM2. 5)污染的影响不显著。表明来自东(南)亚五国的 FDI 对东部地区雾霾(PM2. 5)浓度的升高贡献显著。东部结论与全国样本的结论较为一致。

表 7-4　不同来源地 **FDI** 存量对东部雾霾(**PM2.5**)污染影响的估计结果

	Fe	Re	Fe	Re	Fe	Re
	(1)	(2)	(3)	(4)	(5)	(6)
lnfdi_{hk}	0.068 (1.17)	0.148*** (3.23)	—	—	—	—
lnfdi_{europe}	—	—	0.1645*** (3.89)	0.12114*** (5.41)	—	—
lnfdi_{asia}	—	—	—	—	0.1322*** (3.37)	0.1881*** (5.40)
lnagdp	0.4260** (2.06)	0.246 (0.25)	0.2294*** (1.60)	0.08397 (1.07)	0.39835*** (3.19)	0.07736 (0.99)
lnpd	0.1483*** (4.30)	0.1083*** (2.67)	0.14106*** (3.96)	0.10358*** (2.75)	0.13918*** (3.82)	0.08721 (0.022)
lnrdc	0.14830 (1.38)	0.1278* (1.80)	0.0887 (0.82)	0.15506** (1.76)	0.13704 (1.27)	0.1825** (2.06)
lnind	0.14079 (0.45)	-0.0143 (-1.01)	0.15 (0.62)	-0.07135 (-0.32)	0.3318 (1.33)	0.04895 (0.832)
lnec	-0.01438*** (-2.75)	-0.5062 (-1.44)	-0.32607** (-1.90)	-0.1638** (-1.97)	-0.5392 (-3.51)	-0.2057** (-2.45)
lnpt	-0.50627 (-0.34)	-0.02966 (1.38)	0.04309 (0.92)	0.0643*** (2.13)	-0.0122 (-0.29)	0.0616 (2.04)
常数项	3.15694 (1.94)	2.856 (1.56)	0.0929 (0.06)	0.0923 (0.09)	2.767* (1.98)	1.8773* (1.78)
R^2	0.51	0.4921	0.6239	0.5725	0.6040	0.5976
F 值	15.18	91.21	23.94	125.89	22.01	146.53
Hausman 检验	15.63** (0.0287)		-5.95		-2.90	

表 7-5　　不同来源地 FDI 流量对东部雾霾(PM2.5)污染影响的估计结果

	Fe	Re	Fe	Re	Fe	Re
	(1)	(2)	(3)	(4)	(5)	(6)
$lnfdi_{hk}$	-0.0559 (-0.99)	0.0044 (1.53)	—	—	—	—
$lnfdi_{europe}$	—	—	0.2704*** (3.43)	0.232*** (7.24)	—	—
$lnfdi_{asia}$	—	—	—	—	0.0391 (1.08)	0.152*** (4.93)
lnagdp	0.695*** (4.48)	0.2518* (1.52)	0.3773*** (3.34)	0.08005 (0.58)	0.5276 (4.05)	0.0258 (0.37)
lnpd	0.1207*** (4.58)	0.1047** (2.49)	0.2792*** (3.84)	0.03499 (0.41)	0.1631* (4.39)	-0.364*** (1.73)
lnrdc	0.2325** (2.00)	0.1273 (1.33)	0.0904 (0.82)	0.17141** (2.00)	0.1826 (1.63)	0.1826 (1.63)
lnind	0.137 (0.76)	-0.0273 (-1.16)	-0.5424 (0.29)	-0.552* (-2.02)	-0.0412 (-0.60)	0.4018 (0.334)
lnec	-0.729*** (-4.25)	-0.1365 (-1.07)	-0.4209** (-2.54)	0.074267 (0.88)	-0.6338*** (-3.95)	-0.08034 (1.12)
lnpt	-0.0495 (-1.17)	0.0649 (1.36)	-0.0423 (0.20)	0.0682*** (2.95)	-0.0339 (-0.77)	0.05416* (1.84)
常数项	4.8911** (3.06)	2.5246 (1.26)	0.9888 (0.61)	-0.6623 (-0.57)	3.732** (2.58)	2.415*** (2.13)
R^2	0.5139	0.464	0.6239	0.5725	0.5312	0.3608
F 值	15.25	84.47	23.94	125.89	16.35	124.97
Hausman 检验	-4.38		-5.95		-122.47	

表 7-6 和表 7-7 报告了不同来源地 FDI 存量和流量对中部雾霾(PM2.5)污染的估计结果。我们发现：$lnfdi_{hk}$ 存量、流量在固定效应模型下均显著。表明来自中国港澳台地区的 FDI 对中部地区雾霾(PM2.5)污染浓度产生了增促效应，FDI 存量每升高 1%，中部地区雾霾(PM2.5)浓度升高 0.0929%；来自中国港澳台地区的 FDI 流量每升高 1%，雾霾(PM2.5)浓度就升高 0.064%。在 $lnfdi_{europe}$ 和 $lnfdi_{asia}$ 存量和流量估计结果中，Hausman 检验均证实了固定效应模型更为可靠，但 $lnfdi_{europe}$ 和 $lnfdi_{asia}$ 对中部地区雾霾(PM2.5)污染的影响并不显著。

表 7-6　**不同来源地 FDI 存量对中部雾霾(PM2.5)污染影响的估计结果**

	Fe	Re	Fe	Re	Fe	Re
	(1)	(2)	(3)	(4)	(5)	(6)
$lnfdi_{hk}$	0.0929*** (2.97)	0.3074*** (8.25)	—	—	—	—
$lnfdi_{europe}$	—	—	0.011 (0.62)	0.0896*** (3.09)	—	—
$lnfdi_{asia}$	—	—	—	—	-0.0126 (-0.52)	0.0523 (1.08)
lnagdp	-0.363*** (-3.58)	-1.246*** (-9.82)	-0.229** (-2.37)	-0.7409*** (-5.27)	-0.191 (-1.53)	-0.626*** (-3.80)
lnpd	0.2081*** (5.74)	0.2756*** (7.32)	0.1740*** (4.60)	0.3334*** (6.85)	0.1679*** (4.71)	0.3280*** (6.32)
lnrdc	0.4819*** (3.67)	0.5463*** (5.01)	0.5823*** (3.77)	0.2637 (1.83)	0.619*** (4.69)	0.3854** (2.56)
lnind	0.2080 (1.28)	-0.2357 (-0.94)	0.099 (0.54)	-0.342*** (-1.03)	0.0293 (0.18)	-0.3561 (-0.98)
lnec	0.0240 (0.15)	0.6404*** (10.40)	0.0300 (0.18)	0.4497 (5.70)	0.0281 (0.16)	0.3357*** (4.31)
lnpt	0.15101* (1.85)	0.1816 (2.95)	0.1581* (1.75)	0.3070 (3.52)	0.1689* (1.94)	0.4254*** (4.75)

续表

	Fe	Re	Fe	Re	Fe	Re
	(1)	(2)	(3)	(4)	(5)	(6)
常数项	5.149021***	3.912	5.4367***	-0.399	5.5898	0.639
	(3.68)	(2.57)	(3.53)	(-0.21)	(3.74)	(0.29)
R^2	0.8730	0.6404	0.85	0.6673	0.8564	0.7392
F 值	63.86	450.90	55.50	229.92	55.38	198.38
Hausman 检验	-29.48		46.62		54.02	
			(0.000)		(0.000)	

表 7-7　不同来源地 FDI 流量对中部雾霾(PM2.5)污染影响的估计结果

	Fe	Re	Fe	Re	Fe	Re
	(1)	(2)	(3)	(4)	(5)	(6)
$\ln fdi_{hk}$	0.064***	0.245***	—	—	—	—
	(2.70)	(6.93)				
$\ln fdi_{europe}$	—	—	-0.026	-0.027	—	—
			(-1.18)	(-0.59)		
$\ln fdi_{asia}$	—	—	—	—	-0.0196	0.0542
					(-0.86)	(1.20)
lnagdp	-0.336***	-1.126***	-0.2748***	-0.505***	-0.1641	-0.6313***
	(-3.36)	(-8.53)	(-2.66)	(-3.98)	(-1.32)	(-3.93)
lnpd	0.1907***	0.2916***	0.1588***	0.3324***	0.1658***	0.3282***
	(5.47)	(7.21)	(4.46)	(6.39)	(4.70)	(6.35)
lnrdc	0.5349***	0.5548***	0.721***	0.4078**	0.6164***	0.3914***
	(4.20)	(4.67)	(4.93)	(2.38)	(4.75)	(2.60)
lnind	0.1698	-0.292	-0.024	-0.485	0.0303	-0.485
	(1.05)	(-1.08)	(-0.14)	(-1.38)	(0.18)	(-1.07)
lnec	0.0691	0.5836	0.082	0.265***	0.0161	0.343***
	(0.43)	(9.09)	(0.48)	(3.88)	(0.09)	(4.35)

续表

	Fe	Re	Fe	Re	Fe	Re
	(1)	(2)	(3)	(4)	(5)	(6)
lnpt	0.1384	0.2451	0.2095**	0.5144***	0.1548*	0.420***
	(1.67)	(3.85)	(2.32)	(6.23)	(1.74)	(4.75)
常数项	5.422375***	3.558***	6.1146***	0.1058	6.114607***	0.692
	(3.86)	(2.16)	(4.07)	(0.05)	(3.86)	(0.32)
R^2	0.87	0.699	0.8588	0.7184	0.8574	0.6939
F 值	62.34	375.10	56.49	195.28	55.84	199.44
Hausman 检验	-1.17		65.37		65.37	
			(0.000)		(0.000)	

表7-8和表7-9报告了不同来源地FDI存量和流量对西部地区雾霾(PM2.5)污染影响的估计结果。通过Hausman检验，我们发现模型1%水平下拒绝了原假设，即固定效应模型为更可靠的选择。$lnfdi_{hk}$存量和流量在固定效应模型1%水平下显著，但在随机效应模型下不显著，FDI存量每升高1%，雾霾(PM2.5)浓度降低0.1214%；FDI流量每升高1%，西部的雾霾(PM2.5)浓度将降低0.139%。$lnfdi_{europe}$存量系数在表7-8和表7-9固定效应模型中在5%水平上显著为正，表明来自欧美日的FDI存量每增加1%，西部的雾霾(PM2.5)污染降低0.052%。$lnfdi_{asia}$系数在表7-8和表7-9中的固定效应模型均不显著，表明来自东(南)亚FDI存量和流量对西部雾霾(PM2.5)污染没有显著影响。

表7-8　**不同来源地FDI存量对西部雾霾(PM2.5)污染影响的估计结果**

	Fe	Re	Fe	Re	Fe	Re
	(1)	(2)	(3)	(4)	(5)	(6)
$lnfdi_{hk}$	-0.1214***	-0.0470	—	—	—	—
	(-3.20)	(-0.91)				
$lnfdi_{europe}$	—	—	-0.052**	-0.036	—	—
			(-2.40)	(1.27)		

续表

	Fe	Re	Fe	Re	Fe	Re
	(1)	(2)	(3)	(4)	(5)	(6)
$lnfdi_{asia}$	—	—	—	—	-0.0343 (-1.37)	-0.0261 (-0.68)
lnagdp	0.40473** (2.53)	0.17171 (1.43)	0.3156* (1.93)	0.08841 (0.84)	0.4097** (2.31)	0.1107 (1.07)
lnpd	-0.069** (-2.43)	-0.0698 (-1.63)	-0.035 (-1.29)	-0.07572* (-1.76)	-0.0302 (-1.03)	-0.0627 (-1.44)
lnrdc	0.0945 (0.96)	0.7138*** (10.30)	0.0668 (0.64)	0.6509*** (9.70)	0.0838 (0.78)	0.6916*** (11.04)
lnind	0.96488** (2.30)	-0.651 (-1.24)	1.0638** (2.43)	-0.680 (-1.30)	1.0156** (2.24)	-0.5158 (-0.95)
lnec	0.0209 (0.12)	-0.3847*** (-4.14)	-0.0247 (-0.13)	-0.2831*** (-3.16)	-0.2158 (-1.12)	-0.3493*** (-4.36)
lnpt	-0.3343** (-2.35)	0.5792*** (6.38)	-0.3321** (-2.26)	0.4646*** (5.46)	-0.3214** (-2.13)	0.5619*** (6.44)
常数项	6.3344*** (4.35)	3.2407*** (3.46)	6.910*** (4.56)	2.5788*** (2.46)	6.6050*** (4.26)	3.313*** (3.48)
R^2	0.5009	0.2226	0.4684	0.8629	0.4367	0.2141
F 值	9.03	422.42	7.93	427.94	6.98	419.81
Hausman 检验	65.66 (0.000)		61.4 (0.000)		56.15 (0.000)	

表 7-9　**不同来源地 FDI 流量对西部雾霾(PM2.5)污染影响的估计结果**

	Fe	Re	Fe	Re	Fe	Re
	(1)	(2)	(3)	(4)	(5)	(6)
$lnfdi_{hk}$	-0.139*** (-4.31)	-0.0568 (-1.16)	—	—	—	—

续表

	Fe	Re	Fe	Re	Fe	Re
	(1)	(2)	(3)	(4)	(5)	(6)
$lnfdi_{europe}$	—	—	-0.0203 (-0.54)	0.1649*** (3.74)	—	—
$lnfdi_{asia}$	—	—	—	—	-0.02277 (-0.94)	-0.003 (-0.08)
lnagdp	0.3735** (2.54)	0.1768 (1.54)	0.3117* (1.82)	0.1686* (1.77)	0.3690** (2.16)	0.1156 (1.10)
lnpd	-0.0779*** (-2.97)	-0.074* (-1.75)	-0.038 (-1.24)	-0.1229*** (-2.96)	-0.0374 (-1.28)	-0.0725 (-1.63)
lnrdc	0.0986 (1.08)	0.7149*** (10.65)	0.10847 (1.01)	0.6446*** (11.22)	0.099 (0.94)	0.6841*** (10.97)
lnind	1.1403*** (2.90)	-0.6022 (-1.16)	0.9923* (2.16)	-1.0467** (-2.12)	1.033* (2.27)	-0.5639 (-1.03)
lnec	0.0755 (0.44)	-0.3837*** (-4.20)	-0.1137 (-0.59)	-0.3177*** (-4.40)	-0.1745 (-0.94)	-0.3302*** (-4.12)
lnpt	-0.3355** (-2.53)	0.5972*** (6.71)	-0.3019* (-2.00)	0.515*** (7.97)	-0.306** (-2.04)	0.537*** (6.13)
常数项	6.5663 (4.83)	3.1639*** (3.37)	6.5044*** (4.13)	0.7321 (0.69)	6.516 (4.21)	3.1052*** (3.25)
R^2	0.5742	0.8633	0.4495	0.8846	0.45	0.860
F 值	11.94	423.22	7.23	513.74	7.39	413.54
Hausman 检验	91.03 (0.000)		39.2 (0.000)		54.34 (0.000)	

7.3.3 稳健性分析

为了进一步验证本章采用固定效应和随机效应回归估计结果的稳健性，在稳健性分析中采用两步系统动态 GMM 方法，不仅将外商直接投资与雾霾污染之间可能产生的逆向因果关系和可能遗漏的重要解释变量而导致内生性问题考虑在内，而且在选择合适的水平方程和差分方程的滞后期下，各检验结果均通过了 GMM 方法的估计要求，表明在稳健性检验中采用两步系统动态 GMM 方法具有可行性。

表 7-10 报告了不同来源地 FDI 存量和流量对雾霾(PM2.5)污染的稳健性估计结果。通过表 10 的稳健性检验我们发现，$lnfdi_{hk}$系数在模型(1)、(2)、(3)、(4)、(5)、(6)中并不显著，而且 $lnfdi_{hk}$滞后一期的系数也并不显著，与固定效应中所显示的结果一致。$lnfdi_{europe}$系数在模型(2)中，当期的系数并不显著，但滞后一期的系数在 5%的水平上显著为负；在模型(5)中，当期系数显著为正，但滞后一期的系数在 5%的水平上显著为负，但固定效应模型中在 5%水平上均显著为正，当期结果基本与固定效应所检验的结果一致，而滞后一期的结果为负，则表明来自欧美日的 FDI 的技术效应在滞后一期减缓了对雾霾污染的影响。$lnfdi_{asia}$系数在模型(3)和模型(6)中，均呈现当期的系数在 5%的水平上显著为正，滞后一期的系数分别在 5%和 10%的水平上显著为负，当期的结果为正说明来自东(南)亚国家的 FDI 当期对我国雾霾污染产生增促影响，而滞后一期的结果为负表明来自东(南)亚国家的 FDI 产生的技术效应减缓了对雾霾污染的影响。而在固定效应模型中均不显著，固定效应模型结果的不显著可能是综合了东(南)亚 FDI 对雾霾(PM2.5)污染影响的当期与滞后一期的结果。其他控制变量在两种不同的估计方法中回归结果均较为稳定，在一定程度上说明计量模型设定的合理性。

表 7-10　不同来源地 FDI 对中国雾霾(PM2.5)污染的两步法系统动态 GMM 回归检验

	FDI 流量			FDI 存量		
	(1)	(2)	(3)	(4)	(5)	(6)
lnpm	0.60205***	0.76163***	0.42276***	0.8194***	0.65119***	0.7873***
	(3.776)	(5.593)	(3.192)	(10.041)	(4.290)	(5.240)
$lnfdi_{hk}$	0.02474	—	—	-0.06121	—	—
	(-1.476)			(-1.113)		

续表

	FDI 流量			FDI 存量		
	(1)	(2)	(3)	(4)	(5)	(6)
$lnfdi_{hk}$	0.01092 (-0.856)	—	—	-0.08015 (-1.323)	—	—
$lnfdi_{europe}$	—	-0.00455 (-0.325)	—	—	0.0058* (0.247)	—
$lnfdi_{euro pe}$	—	-0.02321* (-1.718)	—	—	-0.03917** (-2.056)	—
$lnfdi_{asia}$	—	—	0.08708** (2.256)	—	—	0.1178** (2.057)
$lnfdi_{asia}$	—	—	-0.13761** (-2.206)	—	—	-0.0992* (-1.741)
lnagdp	-0.29645* (-1.836)	-0.29380** (-2.125)	-0.35954*** (-3.506)	0.00866 (0.074)	-0.27642* (-1.881)	-0.1732 (-0.753)
lnpd	-0.01103 (-0.465)	0.02533 (1.572)	0.17515** (2.306)	0.01811 (0.909)	-0.02066 (-0.947)	-0.0275 (-0.386)
lnrdc	0.17641 (1.321)	0.28681** (2.215)	0.30023** (2.473)	0.07885 (0.573)	0.042006 (0.569)	-0.07154 (-0.576)
lnind	-0.57928 (-0.973)	0.10556 (0.150)	-0.59239 (-0.683)	0.72665 (1.018)	0.3835 (0.489)	0.5718 (0.894)
lnec	0.57020** (2.094)	0.26462 (1.383)	0.39719** (2.437)	0.03558 (0.392)	0.52536* (1.876)	0.2808 (0.883)
lnpt	0.01477 (0.407)	-0.00419 (-0.150)	0.10919 (1.278)	-0.00033 (-0.010)	0.01941 (0.561)	-0.01003 (-0.126)
常数	0.20499 (0.180)	3.09574*** (2.794)	1.26402 (0.895)	2.46418** (2.430)	0.7670 (0.679)	0.23573 (0.180)
AR(1)	-1.90** (0.057)	-2.03** (0.042)	-1.88** (0.060)	-2.41** (0.016)	-2.01* (0.044)	-2.51** (0.012)

续表

	FDI 流量			FDI 存量		
	(1)	(2)	(3)	(4)	(5)	(6)
AR(2)	0. 42	0. 17	0. 81	-0. 00	0. 19	-0. 10
	(0. 678)	(0. 863)	(0. 421)	(0. 999)	(0. 850)	(0. 919)
Hansen	13. 84	14. 66	9. 22	15. 22	13. 20	13. 00
	(0. 999)	(1. 000)	(1. 000)	(1. 000)	(1. 000)	(1. 000)
Sargan	199. 42	237. 96	237. 91	238. 27	240. 90	50. 02
	(0. 000)	(0. 000)	(0. 000)	(0. 000)	(0. 000)	(0. 133)
N	252	252	252	252	252	252

7.4　结论与启示

不同来源地的外商直接投资对雾霾污染的影响及其演变一直是 FDI 环境效应中的研究难点和盲点，本章从不同来源国家(地区)角度入手，分析了不同来源地 FDI 对中国全境以及区域雾霾(PM2. 5)污染的影响，通过实证检验得出了较为丰富的结论和政策启示：

在全国层面下，来自中国港澳台地区的 FDI 对中国内地雾霾(PM2. 5)污染影响不显著，原因可能是来自中国港澳台地区以中小企业为主的劳动密集型的外资企业，而以劳动密集型产业为主的港澳台企业在劳动密集型行业内的技术已经相对成熟，适度的技术差距使内资企业具有相匹配的吸收能力，使来自中国港澳台地区的 FDI 技术溢出对内资企业的技术进步产生了正向作用，技术溢出效应抵消了规模效应带来的环境损害。因此，中国港澳台地区 FDI 在样本年份没有对中国雾霾污染产生显著的增促效应。

来自欧美日的 FDI 对中国雾霾(PM2. 5)污染产生了增促效应。以技术和资本密集型产业为主的欧美日跨国企业受到全球价值链和产业价值链安排，使中国参与垂直专业化分工过程中处在低端价值链的环节。由于其技术密集型行业在生产过程中对先进技术的依赖程度远超过其他行业，在技术密集型行业中的内、外资企业产业关联度相对较低，且技术差距过大，影响技术溢出的效果，所以技术密集型的外资企业在发展中国家的技术溢出水平较低，其规模效应对环境的损害仍大于对东道国的技术溢出效应，故来自欧美日的 FDI 对我国雾霾(PM2.5)污染具有显著的增促影响。同时，来自欧美日企业的生产技术在不断创新，可能存在产生新型污染物转移的问题，而中国对于新型污染物的环境标准较低，所以欧美日企业投资可能存在“污染物转移”的问题。

来自东(南)亚的 FDI 对中国雾霾(PM2.5)污染产生了增促效应，原因在于韩国、泰国、新加坡、马来西亚、印度尼西亚五国国内自然资源缺乏，属于出口导向型经济，在华投资集中在资源密集型行业(如石化、金属配件等资本密集型行业，以及服装、纺织品等劳动密集型行业)且呈增长趋势，而石化、化工、冶金等产业所排放的污染物如 SO_2、NO_X 等都是形成雾霾污染的主要构成成分。东(南)亚 FDI 利用我国要素禀赋优势过度地发展了资本密集型产业或资源密集型产业，并大量的使高耗能、高污染产业或产业链中附加值较低的生产活动锁定到中国，再次证实了“污染天堂”假说。

在区域层面下，不同来源地 FDI 对东部地区雾霾(PM2.5)污染影响存在差异，来自中国港澳台地区 FDI 的结论基本与全国整体水平一致，即中国港澳台地区的外资对东部雾霾(PM2.5)污染不存在显著的影响作用，中国港澳台地区以内地为依托，其外资主要集中在中国东部地区，主要是由于东部地区具有产业链较完整、人力资源丰富、基础设施较完备、产业配套能力较强、政策法规较完善，故技术吸收能力较强，FDI 的技术溢出效应较为显著。近年来，以密集劳动型产业为主的中国港澳台地区企业在制造业、采掘业的投资明显放缓，中小企业转型加快。同时，内地为香港进入服务业提供了进一步政策优惠，使东部的中国港澳台地区 FDI 与雾霾(PM2.5)污染水平脱钩。来自欧美日和东(南)亚的 FDI 服从于母国跨国公司的全球价值链和产业链的安排，中国东部地区作为全球价值链中生产端的重要组成部分承接了高污染、高耗能的制造业，故来自欧美日和东(南)亚的 FDI 对中国雾霾(PM2.5)污染产生了增促效应。

不同来源地的 FDI 对中部地区雾霾(PM2.5)的影响也存在差异，来自中国港澳台地区的 FDI 对中部地区的雾霾(PM2.5)污染产生了增促效应，而来自欧美日和东(南)亚的 FDI 没有显著的贡献。原因可能是中国港澳台地区的 FDI 的制造业投资在中部地区增速加快，增加了高耗能、高污染的产业在中部地区集聚程度，导致来自中国港澳台地区的 FDI 加剧了中部地区的雾霾(PM2. 5)污染。相对于中国港澳台地区 FDI，来自欧美日和东(南)亚国家的 FDI 规模在中部地区则较小。在外资结构效应、规模效应对中部地区的雾霾(PM2. 5)有显著影响，表明 FDI 对中部地区产生的环境负效应主要是受来自中国港澳台地区 FDI 的影响。

不同来源地对西部地区的雾霾影响既存在趋同性也存在差异性，来自中国港澳台地区、欧美日和东(南)亚的 FDI 降低了中国雾霾(PM2. 5)污染，但其“降霾”程度具有差异性。实证结果表明中国西部地区处于技术的追赶阶段，较为依赖国外企业的活动和中间产品进口吸收技术溢出效应。实证结果表明，来自中国港澳台地区、欧美日和东(南)亚地区的 FDI 存量均对西部的雾霾(PM2. 5)污染产生了降减效应，FDI 的技术溢出效应大于 FDI 的规模效应。其中清洁技术的投入比例较东部和中部大，说明中国西部地区在积极吸收跨国公司在西部产生的技术溢出效应，使自身生产技术和绿色环保技术得到大幅提高，从而使西部的雾霾(PM2. 5)污染也随之改善。

环境保护和绿色发展已成为大势所趋，FDI 的辐射效应对中国的经济结构转型、节能减排、绿色环保创新的部分技术，以及环境改善的贡献功不可没。为了更好地处理“引资”和“治霾”的关系，我们提出如下建议：

第一，实施可持续发展的外资政策需要在 FDI 来源质量优化上下功夫。在国家层面制定 FDI 政策时，应一如既往地吸引优质外资，推动优质的 FDI 对技术进步产生直接和间接的辐射和示范效应，并将雾霾(PM2. 5)作为新的污染指标纳入甄别优质 FDI 的评价体系中。

第二，优化 FDI 来源地结构有利于降低中国雾霾(PM2. 5)污染，在引进外资的政策上应优先吸引技术密集型企业、吸引新能源项目和节能减排的低碳项目，帮助中国制造业逐步超越垂直专业化分工中的劳动密集型生产环节，向利润更高的环节推进，这是减少环境污染的重要途径。制定差异化的环境税政策，设置低碳环保的激励机制，鼓励低碳环保、节能减排、清洁能源技术在中国扩散和推广，最大限度地减少 FDI 对中国环境的负面影响。

第三，鼓励优质外资进入环保产业，通过包含清洁技术和技术优势企业的技术溢出效应，来推动中国劳动密集型产业、技术密集型产业进入高附加值、清洁型的价值链生产环节。总之，政府需要重视优化 FDI 结构，提高对 FDI 质量的评价标准，实现经济的可持续发展。

第四、五、六章，分别利用了静态空间面板模型、动态空间面板模型和静态面板模型对 FDI 与中国雾霾(PM2.5)污染的关系进行了分析，但以上三种模型仍然是将 FDI 与中国雾霾(PM2.5)污染的关系拟合为线性关系，即隐含地假设了 FDI 在所有发展阶段对雾霾(PM2.5)污染的影响都是同质的，忽略了 FDI 在不同发展阶段下，对雾霾(PM2.5)浓度存在潜在的"门槛效应"或"临界效应"即非线性关系。而基于同质性假设的 FDI 环境效应经过实证检验时会分别受到"污染光环"和"污染避难所"假设冲突的困扰，如何化解这一矛盾成为 FDI 对中国雾霾(PM2.5)污染的影响能否继续深化的重要挑战。故下一章将 FDI 对中国雾霾(PM2.5)污染门槛效应机制引入相关研究中，来解释 FDI 对中国雾霾(PM2.5)污染影响效果的异质性。

第8章 FDI对中国雾霾(PM2.5)污染影响的门槛效应分析

随着中国引资政策的不断调整，进入中国FDI的投资方式、投资结构、投资规模都在不断地调整和改变。不同阶段的FDI对中国雾霾(PM2.5)污染的影响是否存在异质性是学界关注的重点之一。第四、五、六章将FDI与中国雾霾(PM2.5)污染的关系拟合为线性关系，忽略了对非线性关系(“门槛效应”或“临界效应”)的考察。目前，FDI对中国雾霾(PM2.5)污染影响的门槛效应尚没有深入的实证研究，大部分文献主要关注于FDI对中国雾霾(PM2.5)污染的线性影响方面，为了分析在人均GDP、研发投入的不同阶段FDI对中国雾霾(PM2.5)污染的“异质性”影响，本章采用Hansen(1999)门槛效应模型，将人均GDP、政府投入和研发投入作为门槛变量，来考察FDI对中国雾霾(PM2.5)污染存在的非线性影响，以弥补这方面研究的不足。

8.1 STIRPAT和门槛效应模型构建

根据文献研究的分析结果，人均GDP和研发投入均可能对FDI环境效应产生影响，故本章采用Hansen(1999)门槛效应模型进行估计，以期通过人均GDP、研发投入和政府投入等渠道得到FDI对中国雾霾(PM2.5)污染的非线性影响。门槛效应是指由于一个经济参数达到某一个特定值后引起另一个经济参数发生方向上或数量上变化的现象，这个解释变量的临界值即为门槛值(彭迪云，2015)。通过加入二次项或者交互项或依照经验判断的方法得到的门槛值存在稳健性不强的特点。例如，使用在模型中加入二次项或交互项分析非线性关系时，二次项通常会与一次项产生较强的相关性，导致模型存在多重共线性，从而影响回归结果的稳健性。因此，本章在Hansen(1999)的门槛模型基础上，将中国雾霾(PM2.5)污染作为因变量，将FDI作为自变量，研究FDI对中国雾霾(PM2.5)污染的非线性影响，根据导向性、科学性、可得性、完备性和可比较性的原则，选取人均GDP和研发投入为门槛变量。选取人口密度、技术水平、实际工资水平等四个指标作为控制变量。Hansen(2000)认为门槛变量既可以是其中一个解释变量，也可以作为一个独立的门槛变量。所以，在选取其中一个门槛变量时，另外两个门槛变量仍作为控制变量。即当经济增长为门槛变量时，FDI、人口密度、技术水平、实际工资水平、研发投入和政府投入为控制变量；当研发投入为门槛变量时，经济增长、FDI、人口密度、技术水平和政府投入为控制变量；当政府投入为门槛变量时，经济增长、FDI、人口密度、技术水平和研发投入为控制变量。式(8.2)为不考虑门槛效应的线性模型，结合本章研究重点，借鉴Hansen提出的面板门槛模型理论，本章构建如下回归模型：

$$Y_{it} = \beta_0 x_{1it} + \beta_1 x_{2it} I(q_{it} \leqslant \gamma) + \beta_2 x_{2it} I(q_{it} > \gamma) + \varepsilon_{it} \quad (8.1)$$

上式中，Y_{it}为被解释变量，本章设定为中国雾霾(PM2.5)污染值，其中i代表观察个体，t代表时间，x_{1it}代表除x_{2it}外对解释变量存在明显影响的控制变量，本章的控制变量包括实际人均GDP、第二产业比重、实际工资水平、人口密度、技术水平、政府投入和FDI；x_{2it}为核心解释变量，本章设定为FDI；q_{it}代表门槛变量，本章将实际人均GDP、第二产业比重和煤炭消费比重作为门槛变量，γ代表估计的门槛值，β_0为控制变量系数，β_1和β_2分别为不同区间内的门槛变量系数，I为指示函数，即相应的括号内条件成立时取值为1，条件不成立时则取值为0；ε_{it}为随机干扰项。

在SSR(γ)在所有残差平方和内最小时可以得到最优门槛值，即：

$$\gamma_1 = \text{argmin}e_i(\gamma_1) \quad (8.2)$$

满足式(8.2)的观测值便是门槛值。当门槛值确定后，需要检验两个问题：一是门槛效应的显著性，二是门槛的估计值的真实性。对于是否存在门槛效应，检验以下原假设：

$$H_0: \beta_1 = \beta_2 \quad (8.3)$$

如果此原假设成立，则不存在门槛效应。那么γ取任何值对模型都没有影响，如果原假设不成立，则有：

$$H_1: \beta_1 \neq \beta_2 \tag{8.4}$$

如果拒绝原假设，那么可认为存在门槛效应，就可以对门槛值进行检验，并再确定门槛值的置信区间。此时，使用似然比检验 LR 统计量：

$$LR = \frac{S_0 - S_1(\gamma)}{\gamma^2} \tag{8.5}$$

其中，S_0 为原假设 H_0 成立时的残差平方和，由于在原假设 H_0 成立的情况下，LR 统计量为非标准分布，而 Hansen(1999)所提出的自举法(Bootstrap)可以通过构建渐近分布构造其 P 值。本章的 P 值则使用此方法，在确定了某个变量有“门槛效应”后，接着便通过似然比统计量展开检验，从而确定它的门槛置信区间。

8.2　变量选取与数据描述

被解释变量为雾霾(PM2.5)浓度。本章所采用的源数据和处理方式与上文一致。

门槛变量：(1)人均 GDP(agdp)。人均地区生产总值代表了各城市的经济发展水平。本章采用的人均国内地区生产总值数据是以 1998 年为基年经过 GDP 平减指数调整后的实际人均 GDP，用以表征不同经济规模下经济增长对中国雾霾(PM2.5)污染的影响。

(2)研发投入(tech)。技术进步是实现雾霾治理的长期决定因素。技术研发的投入偏好在很大程度上决定了技术进步对中国雾霾(PM2.5)污染的影响方向，如果研发行为和技术进步是以治污减排为主导的，就将有利于中国雾霾(PM2.5)污染的改善。该指标从投入型变量的角度衡量了各城市研发投入。利用城市的科学事业费支出来表征研发投入对中国雾霾(PM2.5)污染的影响，并基于 1998 年不变价，经过 GDP 平减指数调整后得到。

核心解释变量：(1)外商直接投资(fdi)。FDI 的注入不仅填补了中国经济发展过程中的资金缺口，从而推动了中国经济的发展，被认为是中国经济增长奇迹后的基础驱动因素。随着经济的高速增长，近些年来中国雾霾(PM2.5)污染频发、影响广泛、治理难度大。为了检验 FDI 对中国城市中国雾霾(PM2.5)污染的影响是否符合“污染避难所”假说，本章利用各城市实际利用外资额来表征 FDI 流量变化来分析 FDI 对中国雾霾(PM2.5)污染的影响，并基于 1998 年不变价，是经过 GDP 平减指数调整，经过当年汇率换算后得到的实际外商直接投资额。

控制变量：(1)产业比重(is)，一般来说，一个城市的第二产业比重与能源弹性系数为正比例关系。在其他条件不变的情况下，能耗的增长自然会导致雾霾(PM2.5)污染的较快增长。研发投入反映了生产活动的污染密集性，对雾霾(PM2.5)污染具有重要影响。故本章选择第二产业增加值占 GDP 比重来反映研发投入的变化对雾霾(PM2.5)污染的影响。

(2)政府投入(gov)，国家采取财政、税收、价格、政府采购等方面的政策和措施来支持雾霾的治理，体现了国家财政投入对"治霾"的支持力度。本章采用地方政府财政支出(不包括科技支出)来表征政府行政干预程度，并基于 1998 年不变价，经过 GDP 平减指数调整后得到。

(3)绿地面积(gl)，雾霾(PM2.5)产生原因有建筑工地扬尘、供暖火电站燃煤废气排放、汽车尾气排放、工业喷涂排放、工厂生产过程排放等，而绿化面积覆盖率表征了城市的自我生态恢复能力和城市公共设施的污染吸纳能力，通过增加绿化植被可以来吸附空气中的 SO_2 和粉尘等有毒物质。故本章选用城市绿地面积覆盖率来反映其对中国雾霾(PM2.5)污染的影响。

以上控制变量数据覆盖时间为 1998—2012 年，为与中国雾霾(PM2.5)污染数据相匹配，故将 1998—2012 年数据进行 3 年平滑处理，最终选定 241 个城市的平均数据。以上数据均来源于《中国城市统计年鉴》和《中国统计年鉴》。表 8-1 报告了处理后的各变量的描述统计情况。

表 8-1　　**人均 GDP、政府投入、研发投入门槛检验与门槛置信区间**

<table>
<tr><th>门槛变量</th><th>门槛数</th><th>F 值</th><th>1%</th><th>5%</th><th>10%</th><th>门槛值</th><th>置信区间</th></tr>
<tr><td rowspan="3">人均 GDP</td><td>单一</td><td>59.713***</td><td>34.850</td><td>15.129</td><td>9.505</td><td>10.387</td><td>[10.387, 10.413]</td></tr>
<tr><td>双重</td><td>21.269***</td><td>28.539</td><td>19.550</td><td>13.537</td><td>8.192
10.387</td><td>[8.100, 10.181];
[10.387, 10.413]</td></tr>
<tr><td>三重</td><td>14.551**</td><td>18.157</td><td>9.787</td><td>6.296</td><td>10.175</td><td>[9.915, 10.592]</td></tr>
</table>

续表

门槛变量	门槛数	F值	1%	5%	10%	门槛值	置信区间
研发投入	单一	70.315***	28.235	16.902	11.049	4.288	[4.159, 4.288]
	双重	17.662	36.230	24.048	20.850	7.148 4.288	[5.200, 11.653]; [4.159, 9.915]
	三重	31.070***	18.553	10.477	7.318	11.283	[9.657, 11.519]

8.3 实证结果分析

8.3.1 门槛模型的估计与分析

门槛模型检验包括门槛效应的显著性检验与门槛估计值的真实性检验，检验过程中运用“自抽样法”构建渐进分布和似然比统计量LR。门槛模型检验的目的在于检验门槛估计参数是否显著，以人均GDP和研发投入为门槛变量，依次假定存在1、2、3个门槛值的门槛回归模型，经过300次反复抽样得到具体F值和P值(见表8-1)。结果发现，人均GDP的单一门槛模型检验在1%水平下显著，双重门槛模型检验在5%水平下显著，三重门槛模型检验在5%水平下显著。研发投入单一门槛模型检验在1%水平下显著，双重门槛模型检验在10%水平下显著，三重门槛模型检验在1%水平下显著。

通过绘制似然比函数图(见图8-1、图8-2)，我们可以清楚地看到不同模型设定下门槛效应的直观效果，即门槛值的估计以及置信区间的构造过程。从图8-1、图8-2中我们可以看出，以人均GDP和研发投入作为门槛变量时，似然比函数图清晰地展示了FDI对中国雾霾(PM2.5)污染的门槛效应都是显著存在的。由于门槛参数的估计值是LR等于零时的取值，所以结合表8-1，以人均GDP为门槛的模型估计得到单一门槛最为显著，其门槛值为32435.22元/人，置信区间为[32435.22, 33289.59]；以研发投入为门槛的模型估计得到三重门槛最为显著，其门槛值为72.82元、1271.56元、79459.28元，置信区间为[64.007,

72.82]、[181.2722，115036]、[64.007，20231.58]、[15630.82，100609.3]。门槛值的识别为后续的计量参数估计提供了基础。

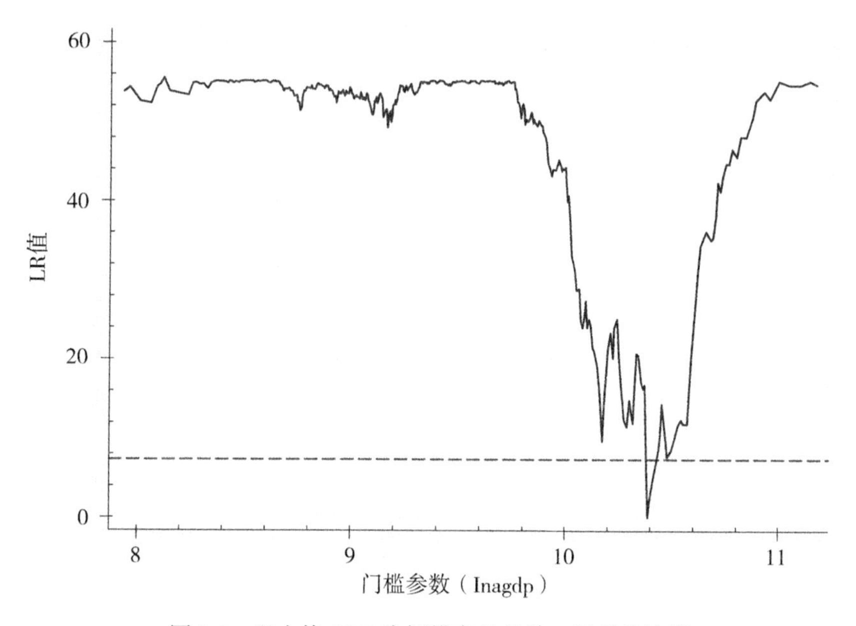

图 8-1 以人均 GDP 为门槛变量的单一门槛估计值

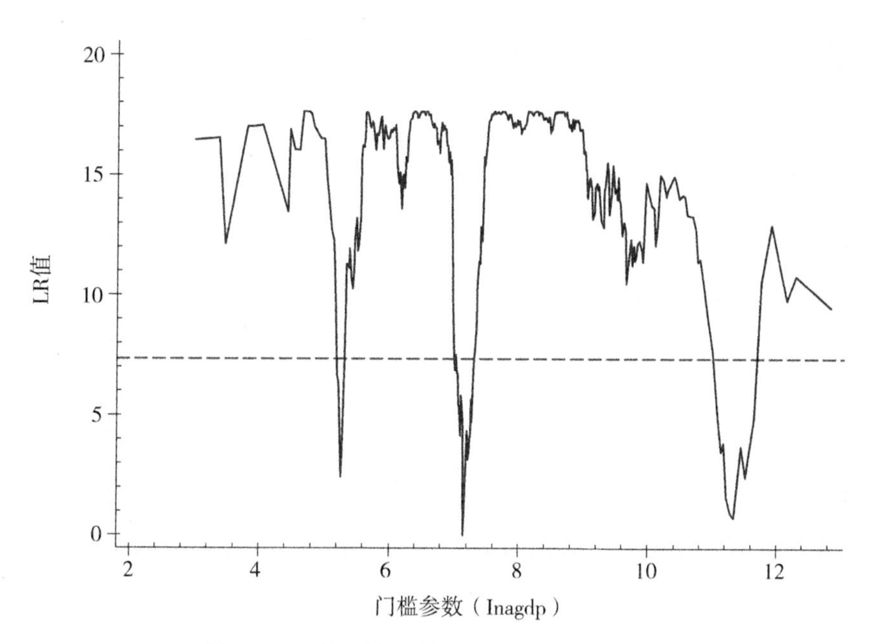

图 8-2 以研发投入为门槛变量的门槛估计值

8.3.2　门槛估计值检验

得到门槛值以后，我们对门槛参数进行估计。表 8-2 结果显示了在以人均 GDP 为门槛变量的模型中，FDI 对中国雾霾(PM2.5)污染的效应均存在单门槛影响，且单一门槛值的影响系数均在 5%水平下显著。

表 8-2　　**将人均 GDP 和研发投入为门槛的估计结果**

门槛变量	人均 GDP	研发投入
lnagdp	-0.0389***	-0.04413***
lngov	0.13540***	0.13837***
lng	-0.0463***	-0.04750***
lntech	-0.00042	-0.0075*
lnfdi(区间 1)	0.02371***	0.02619***
lnfdi(区间 2)	0.01564***	0.02926***
lnfdi(区间 3)	—	0.01348***
lnfdi(区间 4)	—	0.01829***
常数项	2.4018***	2.4673***

从表 8-2 可以看出，以人均 GDP 为门槛变量时，即当实际人均 GDP 低于 32435.21 元/人时，FDI 每增长 1%，中国雾霾(PM2.5)污染增加 0.02371%，且在 1%水平下显著；当人均 GDP 高于 32435.21 元/人时，FDI 每增长 1%，中国雾霾(PM2.5)污染会增加 0.01564%，且在 1%水平下显著。表明了随着经济发展水平的提高并超过一定的门槛值时，PM2.5 的边际浓度会递减。结果证明了 FDI 对中国雾霾(PM2.5)污染产生了显著的增促效应；但人均 GDP 越过门槛值后，随着经济水平的上升，FDI 的技术效应日益凸显，环境规制不断提升，使 FDI 对中

国雾霾(PM2.5)污染的增促效应减弱，表明经济水平的提升有利于减少 FDI 环境负效应。有的学者也证实了类似的结论，如 Hoffmann(2005)的研究发现，在中低收入国家，FDI 与碳排放之间呈现互为因果的关系，即互相影响，互相作用，但在高收入国家则不存在这种关系。说明了人均 GDP 作为衡量地区经济发展水平的重要指标，对 FDI 的环境效应产生了重要影响。包群、陈媛媛等(2010)认为在人均 GDP 达到某一临界值后，FDI 对东道国环境产生的积极影响将大于其产生的负面影响，FDI 与环境质量二者之间将呈现出倒 U 形曲线关系。李子豪、刘辉煌(2012)在研究收入水平与 FDI 的环境效应之间关系时发现，FDI 对环境的正面效应较多体现在收入水平的两极(即高/低收入阶段)，在中等收入水平时，FDI 的环境负效应较为明显。在研究人力资本与 FDI 的环境效应之间关系时发现，FDI 对环境的正面效应多体现在高人力资本阶段，在低人力资本阶段，FDI 的环境负效应较明显。之前有的研究发现以人均 GDP 为门槛时，FDI 的环境效应存在门槛效应，如沈能(2013)研究认为由于行业准入制的存在，导致高污染行业中，国有企业居多，国有企业的占比与环境污染程度之间呈显著正相关。以上实证研究表明，当东道国或投资地区的收入处于不同水平时，FDI 与东道国的环境质量关系也存在较大差异，当人均 GDP 较低时(达到门槛值之前)，对东道国环境可能产生负效应，当人均 GDP 较高时(达到门槛值后)，对东道国环境质量可能产生正效应。

其原因之一可能是由于不同 GDP 水平下，产业结构优化程度不同。如高远东和陈讯(2010)认为 GDP 水平的不同，导致产业升级的程度不同，认为在东部地区，结构调整和产业升级的基础较好，而且较高的市场化使得消费结构的变化可以作用于市场，从而促进产业结构升级。在经济欠发达的中西部地区，推动产业结构升级的基础水平较差，消费结构的变化通过市场推动产业结构的优化升级作用较小。而 FDI 则更倾向于投资与本土产业结构相适应的产业，意味着当地区收入水平较高时，FDI 会倾向于投资第三产业；当收入水平较低时，FDI 会倾向于投资第二产业。

原因之二可能是不同人均 GDP 的水平下 FDI 技术溢出水平存在差异。李子豪、刘辉煌(2012)、李锴(2012)和谷继建、郑强和肖端(2020)的研究表明，FDI

可以通过环境技术溢出对东道国环境污染和碳排放量产生显著影响。王华(2012)，王林辉、江雪萍和杨博(2019)，认为 FDI 企业对于落后在不同技术差距范围内的内资企业具有不同的技术溢出效应，其中较大的技术差距并不利于本土企业吸收和模仿外资技术，适度的技术差距使内资企业具有相匹配的吸收能力。这就意味着，在人均 GDP 的不同阶段，FDI 技术溢出水平会存在一定差异，当人均 GDP 水平较低时，FDI 技术溢出效果较差，对环境质量的改善作用有限。当人均 GDP 水平较高时，FDI 技术溢出效果较好，促进了环境质量的进一步改善。

原因之三在于不同人均 GDP 水平下的环境规制存在差异。蔡昉(2008)，肖俊玲、刘兴荣和杨文姣(2019)，认为人均 GDP 水平提高会引起对环境质量的更高要求，意味着随着人均 GDP 的升高，环境规制也会越来越高。熊艳(2011)，唐晓华和孙元君(2019)认为环境规制与经济增长之间是非线性的、正 U 形的关系。Song 和 Woo(2008)研究发现当东道国的人均 GDP 水平较低时，一般会降低环境规制的要求，从而造成东道国的环境随之恶化；当人均 GDP 水平较高时，东道国对环境要求提升，从而加强对 FDI 的环境效益的管制力度，使 FDI 的环境负效应减弱。研究结果说明了 FDI 对东道国的环境质量的影响，受到人均 GDP 差异的影响而存在一定的门槛效应。这就意味着，当人均 GDP 在较高水平时，环境规制会加强，从而 FDI 环境的负效应会减少，当人均 GDP 在较低水平时，环境规制会减弱，从而 FDI 环境的负效应会上升，表明由于当地经济发展水平不同，环境规制的差异可能影响 FDI 能源消费结构、产业结构和技术溢出程度，从而导致 FDI 对中国雾霾(PM2.5)污染的影响差异。

以研发投入为门槛变量时，即当研发投入低于 72.82 元时，FDI 对中国雾霾(PM2.5)污染的影响系数为 0.02619，即 FDI 每增长 1%，雾霾(PM2.5)浓度增加 0.02619%，且在 1%水平下显著；当研发投入高于 72 元且小于 1271.56 元时，FDI 每增长 1%，雾霾(PM2.5)污染增加 0.02926%；当研发投入高于 1271 元且小于 79459.28 元时，FDI 每增长 1%，雾霾(PM2.5)浓度增加 0.0135%；当研发投入高于 242.6 万元时，FDI 每增长 1%，雾霾(PM2.5)浓度增加 0.01183%。所以，在以研发投入为门槛变量时，FDI 对雾霾(PM2.5)污染产生了增促效应，当越过第二个门槛值后正向影响减小，呈现下降的趋势。故本书认为 FDI 对中国雾霾(PM2.5)污染影响存在一定的研发投入的门槛效应，而且研发投入在 FDI 的负向环境效应中起了改善作用。

由于研发投入是影响技术进步的重要因素，提高研发投入有助于自主研发能力的提高，从而有助于雾霾(PM2.5)污染的降低。技术进步不能仅依赖于国外技术溢出，更多还要依靠自主创新。自主创新能力的提升可以帮助中国加速开发绿色环保新技术，缩小与发达国家的差距。因此，进一步加大在绿色环保领域的自主研发投入，可以推动清洁环保技术的创新，有效降低中国雾霾(PM2.5)污染。不同研发投入下 FDI 的技术溢出效应差异的影响。较多学者也证实了研发投入的加大，有利于降低 FDI 对环境影响的负效应。Kinoshita(2000)认为东道国需要加大研发投入才能将 FDI 的技术溢出效应最大化，同时，东道国政府可以通过 FDI 技术溢出效应所得到的好处来进一步加大科研投入。Griffiths 和 Sapsford(2004)认为当东道国的研发投资达到一定程度时，FDI 的技术溢出才可能发生。张中元和赵国庆(2011)在对关于 FDI 技术溢出效应决定因素的研究文献梳理中发现，FDI 的外溢效应与东道国企业的技术进步之间并不是单纯的同向关系，说明 FDI 的外溢效应不会自动发生，其发生条件在于本地企业需要具有一定水平的技术进步以及研发投入的积累。以上文献结论意味着，当研发投入较低时，FDI 技术溢出效应较低，那么对环境质量的改善也有限。当研发投入较高时，FDI 技术溢出效应就更为显著，对环境的积极影响也更易发挥。

不同研发投入下环境规制标准差异的影响：研发投入不仅增加了本土企业的研发技术水平，还提升了投资行业内的整体技术水平，从而产生“加州效应”，使行业内的环境规制得到提升。Fisher Vanden 等(2006)研究发现研发投入不仅提升了清洁技术水平，还对东道国环境标准的选择有重要影响。Loverly 和 Popp(2011)认为环境规制的水平会伴随着技术进步而提升。通过以上研究我们发现，当研发投入较高时，环境规制水平可能越高，FDI 对环境的正效应也就越高。当研发投入越低，环境规制水平就可能较低，使 FDI 对环境的负效应也就越高，证实了本书的研究结论。

在其他控制变量中，绿化面积覆盖率回归分析中影响系数均显著，且估计系数在三个门槛效应模型中都为负，这表明绿化对中国雾霾(PM2.5)污染的升高产生显著的降减效应。实证结果表明，当经济增长一定程度上改善了 FDI 的环境负效应，随着人均 GDP 的提高，中国雾霾(PM2.5)污染对 FDI 影响系数有所下降，表明对应于高人均 GDP 阶段，FDI 对中国雾霾(PM2.5)污染负向影响较小。原因在于，在经济发展水平较高的地区，对环境要求较高，环境规制水平较高，从而对 FDI 的分析和筛选更为严格，使 FDI 的环境负效应降到最低。

8.3.3　各区间内门槛值的省份数目变化

依据面板门槛效应模型，我们得到人均 GDP 和研发投入的门槛值，依据门槛值将样本划分为不同的区间，进而通过不同区间内的城市数目变化来观察各城市在 FDI 进程中的运行状态并了解 FDI 环境效应的发展规律。表 8-3 报告了 1998—2012 年门槛区间内的城市数目变化，结合表 8-3 我们发现：第一，实际人均 GDP 低于门槛值 32435.22 元/人的城市数目逐渐减少，由 1998—2000 年的 230 个减少到 2010—2012 年的 188 个，减少了 42 个城市；相应地，实际人均 GDP 高于门槛值 32435.22 元/人的省份数目逐渐增多，由 1998—2000 年的 11 个增加到 2010—2012 年的 53 个。

第二，研发投入低于第一门槛值的城市数目逐渐减少，由 1998—2000 年的 26 个减少到 2010—2012 年的 0 个；相应地，研发投入高于第二个门槛值并低于第一个门槛值的城市数目同样逐渐减少，由 1998—2000 年的 179 个增加到 2010—2012 年的 3 个。高于第二个门槛值低于第三个门槛值却在逐渐增多，由 1998—2000 年的 36 个增加到 2010—2012 年的 216 个，高于第三个门槛值的城市由 0 个增加到 22 个。

上述分析表明，不同城市 FDI 对雾霾(PM2.5)污染的影响不同，人均收入和研发投入在满足一定门槛条件后，各城市的 FDI 对雾霾(PM2.5)污染的增促效应将有所降低，但不论在哪种门槛值设置下，FDI 对中国雾霾(PM2.5)污染的贡献均显著为正，证实了“污染避难所”假说。

表 8-3　　门槛区间内城市数目变化统计结果

门槛变量	成长区间	1998—2000 年	1999—2001 年	2000—2002 年	2001—2003 年	2002—2004 年	2003—2005 年	2004—2006 年	2005—2007 年	2006—2008 年	2007—2009 年	2008—2010 年	2009—2011 年	2010—2012 年
人均 GDP	$\gamma \leqslant 32435.22$	230	230	230	230	228	224	220	218	211	204	202	196	188
	$\gamma >= 32435.22$	11	11	11	11	13	17	21	23	30	37	39	45	53
研发投入	$\gamma \leqslant 72.82$	26	18	18	1	1	2	1	0	0	0	0	0	0
	$72 < \gamma < 1271.56$	179	172	173	180	181	167	162	54	16	9	5	4	3
	$1271 < \gamma < 79459.28$	36	51	49	58	57	70	76	184	217	221	223	219	216
	$\gamma >= 2426596$	0	0	1	2	2	2	2	3	8	11	13	18	22

8.4　本章小结

雾霾(PM2.5)污染已经成为困扰中国发展的重要问题，在对外开放程度日益增大、FDI 对中国环境影响日渐深远的背景下，对两者进行研究具有深刻的现实意义。FDI 的不同发展阶段对中国雾霾(PM2.5)污染的影响如何？这是关乎中国大气污染治理政策的重要问题。本章的贡献在于较为全面地分析了 FDI 对中国雾霾(PM2.5)污染影响的门槛效应，以及分析表征经济发展和研发投入的门槛变量对 FDI 与中国雾霾(PM2.5)污染之间关系的影响程度。本章主要得出如下研究结论：

第一，FDI 对中国雾霾(PM2.5)污染的影响具有非线性的特征。在不同的门槛变量条件下，FDI 对中国雾霾(PM2.5)污染的贡献度会发生不同程度的改变，但方向仍然保持不变，证明了 FDI 对中国雾霾(PM2.5)污染产生显著的增促效应，而且稳健性较强。以研发投入为门槛变量时，越过第二个门槛值后 FDI 对中国雾霾(PM2.5)污染贡献度减弱，也出现下降趋势。以人均收入为门槛变量时，越过门槛值后 FDI 对中国雾霾(PM2.5)污染影响的贡献度减弱，并开始呈下降趋势。以上结论表明了不同的门槛变量对 FDI 与中国雾霾(PM2.5)污染的影响不同，揭示出不同的 FDI 发展阶段对中国雾霾(PM2.5)污染作用结果存在着差异性。但经济增长、研发投入在 FDI 环境效应中均起到了积极的降减效应。

第二，人均 GDP 和研发投入将 FDI 区分为不同的发展阶段，政府在 FDI 发展的不同阶段在降低中国雾霾(PM2.5)污染的目标上应当采取不同的措施。所以，我们应该关注人均 GDP 和研发投入的门槛值，抓住机遇期，提高 FDI 对中国清洁技术的溢出效应的效率和质量来减少 FDI 对中国雾霾(PM2.5)污染的负向影响。同时，通过加强政策、财税及市场等措施来有效制约高耗能、高污染和资源型产业的污染物排放，加快淘汰落后产能，提高环境生产绩效。

第9章　结论和政策建议

本章首先归纳了全书的主要研究结论，然后在深入分析 FDI 对中国雾霾(PM2.5)污染影响的基础上，从可持续发展的外资政策、中西部地区环境规制政策、“治霾”政策、地方政府观念转变、经济增长和研发投入的门槛值、加强和完善 FDI 环境立法体系建设、提升中国企业学习吸收和创新能力等角度提出了政策建议。

9.1　主要研究结论

把经济发展调整到合理区间，治理雾霾保护环境，既是关系国计民生的大事，也顺应了低碳环保的国际大趋势。同时，随着经济发展战略的转型和调整，中国引进和利用外资发展到了新的阶段，当前中国利用外资的基本条件和利用外资的综合优势特别是环境质量都发生了质的变化。在这种背景下，引进和利用外资需要有新思维和新方法，全面、系统、深入地研究 FDI 与中国雾霾(PM2.5)污染之间的关系，揭示 FDI 对雾霾(PM2.5)污染的影响机制为实施可持续的外资政策提供科学依据。当下中国所面临的污染方式、资源条件和国际经济环境已发生巨变，在巨大的资源、环境和人口压力下，经济高速增长和资源大量消耗将使环境和资源的阈值比预期更快达到，不可逆程度加剧。中国雾霾(PM2.5)污染问题不仅是环境问题、经济问题，更是重大的社会问题。

治理雾霾不能忽视 FDI 对雾霾的影响。据此，治理雾霾必须要分析 FDI 对雾霾影响的方向和程度，强调对 FDI 的环境评估，并加强监管和引导。故本书对1998—2012年间中国利用外资情况和雾霾(PM2.5)污染情况进行了梳理，结合非空间交互效应的面板模型、静态空间面板模型、动态空间面板模型、门槛效应模型，对目前所出现的跨境污染转移、区域污染转移、污染溢出、污染攀比现象提供了证据并进行实证分析，得到了以下主要结论：

(1)FDI 与中国雾霾(PM2.5)污染存在显著的空间依赖性。为分析 FDI 对中国雾霾(PM2.5)影响的空间依赖性，本书在空间计量方法中引入空间自相关项和时期滞后项的共同分析，来反映 FDI 对中国雾霾(PM2.5)污染的影响。研究结果发现，中国大部分城市的雾霾(PM2.5)污染和 FDI 都具有显著高-高集聚和低-低集聚特征，存在显著的空间依赖性，证实了中国雾霾(PM2.5)污染空间溢出效应以及 FDI 辐射效应的存在。在地理距离权重设置下，FDI 高值区域一般是 PM2.5 高值集聚区，FDI 低值区域一般是中国雾霾(PM2.5)污染的低值集聚区。研究表明一个地区的吸引外资的效果和雾霾(PM2.5)污染的空间集聚程度密切相关。结果还表明雾霾(PM2.5)污染受空间滞后项的影响较大，即“溢出效应”大于“叠加效应”，表明中国雾霾(PM2.5)污染在时间、空间以及时空维度上分别呈现出累积、交叉以及持续的演变特征。实证分析还发现 FDI 是导致中国雾霾(PM2.5)污染升高的重要影响因素，说明了中国目前吸引和利用 FDI 不仅存在污染溢出效应，也存在跨境污染的转移。

(2)FDI 对中国东、中、西部地区雾霾(PM2.5)污染的影响存在着较大的差异。为了补充和丰富 FDI 对中国雾霾(PM2.5)污染影响的研究，本书通过构建东、中、西部地区的空间地理权重矩阵，在 EKC 模型的框架下分区域进行了估计，使 FDI 对区域雾霾(PM2.5)污染的影响研究更加全面，使政策建议更加精准。研究结果发现，FDI 存量每升高 1%，东部城市的雾霾(PM2.5)浓度升高 0.0019%；FDI 存量每升高 1%，中部城市的雾霾(PM2.5)浓度升高 0.0183%；而 FDI 存量对西部城市的雾霾(PM2.5)浓度影响不显著。

(3)不同 FDI 来源地对中国(PM2.5)污染的影响在全国和区域层面均存在差异。FDI 来源地广泛，来源国(地区)的经济发展水平、技术发展水平、对华投资的模式与动机、投资规模、投资产业分布等要素各不相同，都会对东道国环境产生直接或间接影响。本书利用静态面板模型的固定效应和随机效应模型来识别不同来源地的 FDI 存量和流量对全国以及区域雾霾(PM2.5)污染的影响。研究结果发现，来自中国港澳台的 FDI 对中国雾霾(PM2.5)污染影响不显著，来自欧美日、东(南)亚的 FDI 对中国雾霾(PM2.5)污染产生显著的增促效应。在区域层面下，中国港澳台地区的外资对东部地区的雾霾(PM2.5)污染不存在显著的影响作用，来自欧美日和东(南)亚的FDI对东部地区产生了增促效应。来自中国港澳台的FDI对中部地区的雾霾(PM2.5)污染产生了增促效应，而来自东(南)亚的FDI对中部雾霾(PM2.5)污染影响不显著。来自中国港澳台地区、欧美日和东(南)亚地区的FDI均降低了我国西部地区雾霾(PM2.5)污染，但其“降霾”程度具有差异性。

(4)FDI对中国(PM2.5)污染的影响在不同阶段也有差异。本书发现，不同阶段的FDI对中国雾霾(PM2.5)污染的影响存在门槛效应。实证检验结果表明FDI对中国雾霾(PM2.5)污染的影响属于非线性的正向影响。在不同的门槛变量条件下，FDI对中国雾霾(PM2.5)污染的贡献度会发生不同程度的改变。以人均GDP为门槛变量时，越过门槛值后FDI对中国雾霾(PM2.5)污染贡献度减弱，开始呈下降趋势。以研发投入为门槛变量时，越过门槛值后FDI对中国雾霾(PM2.5)污染贡献度减弱，也呈下降趋势。表明FDI不同的发展阶段对中国雾霾(PM2.5)污染作用结果存在差异性。

9.2 政策建议

(1)实施可持续发展的外资政策。

环境保护和绿色发展已成为大势所趋，FDI的辐射效应对中国的经济结构转型、节能减排、绿色环保创新的部分技术，以及环境改善的贡献功不可没。所以，实施可持续发展的外资政策需要在FDI质量优化上下功夫。在国家层面制定FDI政策时，应一如既往地吸引优质外资，推动优质的FDI对技术进步产生直接和间接的辐射和示范效应，并将雾霾(PM2.5)作为新的污染指标纳入甄别优质FDI的评价体系中。首先，优化FDI来源地结构有利于降低中国雾霾(PM2.5)污染，在引进外资的政策上应优先吸引技术和资本密集型企业、吸引新能源方面项目和节能减排的低碳项目，帮助中国制造业逐步超越垂直专业化分工中的劳动密集型生产环节，向利润更高的环节推进，这是减少环境污染的重要途径。其次，制定差异化的环境税政策，设置低碳环保的激励机制，鼓励低碳环保、节能减排、清洁能源技术在中国扩散和推广，最大限度地减少FDI对中国环境的负面影响。再次，逐步提高环境标准，提升环境规制水平，从而提高高污染企业的经营成本，促进环境成本内部化，合理引导资源消耗。最后，鼓励优质外资进入环保产业，通过包含低碳、清洁技术和技术优势企业的技术溢出效应，来推动中国产业进入高附加值、清洁型的价值链生产环节。总之，政府需要重视优化 FDI 结构，提高对 FDI 质量的评价标准，实现“治霾”和“引资”的双赢。

(2)提升中西部地区环境规制水平。

随着中国对外开放程度的不断提高，东部沿海地区凭借地理位置优势和国家政策的优势吸引了大量的外资，带动经济迅速发展，而中西部地区的发展却相对滞后，FDI 不仅拉大了东、中西部地区的经济发展差距，也使城市的环境质量产生了差异。故要根据中国雾霾(PM2.5)污染程度和 FDI 的区域差异进行全域规划，中西部地区要规避“向底线赛跑”效应。通过加强环境规制，将中西部地区吸引外资工作由先前的追求数量向提升质量转变。中西部地区由于经济较落后，招商引资起步较晚，且生态环境更为脆弱，导致 FDI 带来的污染比东部地区更为严重和不可逆。同时，由于中国雾霾(PM2.5)污染具有较强的空间溢出效应，由中西部造成的雾霾(PM2.5)污染会影响东部地区，所以区域层面的引资政策要和国家引资政策保持高度一致，杜绝 FDI 将污染向中西部转移的趋势。由于地方政府是环保政策的主导者和设计者，完善和加强对地方政府的规制是规避“向底线赛跑”的有效措施。同时，中西部地区应积极完善配套基础设施、优化产业、积累高端技术性人力资本，来吸引更多环保技术密集型外资企业。东部地区则应该积极发挥示范效应，鼓励环保技术创新项目、加大新能源的开发和应用力度，提高自身对外资技术的吸收消化能力和自主研发能力。

(3)纠正政府对市场的扭曲等问题。

推进能源价格改革，将空气污染的外部成本内部化，纠正政府对市场的扭曲问题。东、中部地区高耗能、高污染产业的过度发展很大程度上是源于政策的人为刺激，是政府对市场扭曲的体现，“燃煤过度”源于市场失灵。目前中国政府对市场的扭曲仍存在于“治霾”问题上，体现在大部分地区应对雾霾(PM2.5)污染时过度依赖行政手段：如提高燃油和尾气排放标准、实行单双号限行等行政性手段。依靠环保类的末端治理的总体减排效果较弱，并不能从根本上“治霾”，只能在短期内见效，一旦在末端上放松管制必然发生反弹效应，仅依赖短期的行政手段往“治标不治本”，并且提高了“治霾”成本，甚至会导致“治霾”执行效果上的“南辕北辙”。要想从根本上治理雾霾(PM2.5)污染，就必须转变经济增长方式和优化产业结构，及时阻断经济与雾霾(PM2.5)污染共同增长的态势。例如降低中西部地区重工业比重、提高清洁能源比重、发展绿色低碳环保产业等，通过市场性的环境规制手段倒逼产业结构和能源结构的绿色升级，来纠正政府对市场的扭曲、市场失灵及市场主体问题。利用市场体现环境真实估价，如建立碳排放权交易市场等市场手段来纠正煤炭市场定价过低的问题，让市场充分认识到煤炭产业的“负外部性”，通过真实的环境估价来转变居民的能源消费观念，尊重雾霾(PM2.5)库兹涅茨曲线所体现的规律，正确应对环保可能带来的失业、收入和福利减少的风险。

(4)“治霾”政策既要联防联控也要因地制宜。

通过本书的实证分析，我们发现东部地区的雾霾(PM2.5)污染受到中部地区“空间溢出效应”的影响，使东部地区的“单边”治霾努力可能变得徒劳无功。因此，东部地区在转变自身经济发展方式的同时，需要与中西部地区进行区域联合治理。一方面，东部地区要充分发挥其较为完善的基础设施、充裕的人力资本、优越的地理区位和成熟的市场等优势，充分利用产业升级的辐射效应，带动中、西部地区的产业升级。另一方面，中西部地区则要加强短期政策和中长期政策的协调配合，利用东部产业升级的契机，积极承接东部的产业转移，同时要加强对FDI质量的甄别，限制污染产业发展，提升第三产业占比；调整以煤炭为主的能源结构，加大对节能减排、低碳环保、清洁能源技术的研发投入力度，估计官产学联合研发和应用；加快轨道交通建设，合理规划城市布局，提高绿化率，利用人力资源优势，推动城市群的发展，建立更多的卫星城市，释放人口红利。西部地区则要抓住国家“一带一路”倡议机遇期，发展低碳循环、环境友好、创新型经济；重视生态环境建设；改善地区投资环境，推动产业升级，提升出口竞争力；提高甄别FDI质量的能力，吸引优质外资，学习并消化吸收先进技术，缩小与东中部地区的差距。

(5)引导地方政府转变观念，倡导绿色发展理念。

部分地方政府片面理解了以经济发展为中心，其理念的滞后导致了决策的随意和不科学，崇尚GDP，过度投资以创造“短平快”的发展表象，在招商引资问题上出现“重数量、轻质量、重速度、轻效益”等问题，并放任环境污染，使污染不断累积，产生了为追求 GDP 而向“底线赛跑”的无序竞争。从某种程度上讲，雾霾、地下水、土壤等问题已形成系统性危机，无法掩盖也无法继续拖延，只能全力降低这些影响的广度和深度。在过去三十多年来“唯 GDP 论英雄”的政绩考核标准下，片面追求 GDP 及其增长率而轻视对生态环境的保护，逐渐成为各级地方官员晋升锦标赛的核心内容。可以说，“中国奇迹”是在扭曲资源环境价值的条件下而实现的。但时至今日，生态环境的承载力已经达到阈值，“环境红利”已经消失，作为地方经济发展的直接推动者，地方政府的目标导向和行为方式将直接决定中国经济能否顺利实现绿色发展转型。因此，在现行的经济分权体制下，只有改变传统以 GDP 为核心的官员绩效和晋升考核机制，以经济绩效和环境绩效并重，转变“唯 GDP 论英雄”的发展理念，明确环保职责，激励地方政府加大环境政治力度，推动节能减排、监测污染真实数据，提高绿化覆盖率，推行环境问责制，坚决杜绝招商引资的数量攀比和忽视环境的“向底线赛跑”，才能够真正促使地方政府开展包括雾霾(PM2. 5)污染在内的环境治理及区域联防联控，通过有效的规制政策和执行力促使中国雾霾(PM2. 5)污染与经济增长之间“脱钩”阶段早日到来。

(6)关注经济增长和研发投入的门槛值。

由于 FDI 从 1979 年至今经过了四个阶段，期间 FDI 的投资方式、投资结构、来源地结构均发生了巨大的变化。不同阶段的 FDI 对中国雾霾(PM2. 5)污染的影响是存在异质性的，具有方向和程度上差异。由于在高人均 GDP、政府投入和研发投入可以减少 FDI 的环境负效应。关注经济增长、政府投入和研发投入的门槛值，抓住机遇期，提高 FDI 对中国清洁技术的溢出效应的效率和质量，进一步减少 FDI 对中国雾霾(PM2. 5)污染的负向效应。

(7)加强和完善 FDI 的环境立法体系建设。

目前中国关于外商投资的法律、法规共有 30 多部，但由于对 FDI 的环境新问题缺乏前瞻性，至今仍没有一部就外资企业的环保责任和义务做出统一规定的法律，来规范其环境行为。因此，在具体实践中经常出现法规间相互冲突的现象，如果不能将环境底线通过立法的形式固定为长效机制，那就给高耗能、高污染的 FDI 带来了可乘之机，会对中国经济结构调整带来错误的示范效应。因此，制定和完善有关外商投资的环境管理的法律法规体系已刻不容缓。首先，应尽快制定《外商投资环境管理法》，进一步明确FDI的管理体系和职权范围，根据新型污染物排放标准，重新制定对FDI的环境分类及相应标准，与国际投资环保标准接轨，避免国内外环保法律法规差距过大，使中国成为“污染避难所”。其次，有关外商投资环境管理的法律法规之间要互相匹配，产生冲突的地方要尽快修订，填补漏洞，确保对FDI行为进行严格的规范和管理。再次，对内资和外资企业实行无过失责任和连带责任，加强源头控制，依据“谁污染、谁付费、谁治理”原则，对排污企业的排污行为实行付费制度，强制企业内化环境成本，积极研发清洁绿色环保技术。最后，各地方政府特别是中西部地区政府要坚持在全国统一的外商投资环境管理法指导下，根据各地的实际情况进行有益和有效的补充，在FDI环境效应下做到联防联控，因地制宜，设立强制性工业排放标准，对污染企业的监管要遵循“有法可依、有法必依、执法必严、违法必究”的原则，确立行之有效的环保行为准则。

(8)培养中国企业学习、吸收和创新能力，加快提高技术效率。

技术因素是影响环境质量最敏感、最积极、最活跃的可变因素，特别在中国工业化、城市化加速推进的背景下，它既是污染排放的引起者，又是污染防治的创新者，当偏向于生产技术时会提高资源要素的消耗，从而使生产规模增大、污染型投入要素增多，导致环境污染增加。同时，大量研究结果表明中国制造业在利用外资方面更多依靠技术进步的溢出效应。在经济全球化不断深入的大背景下，从加工中积累和学习到的经验对于提升本国整体技术水平提升和增加贸易利得的作用是非常有限的，发展中国家要想加速技术进步，提升全球分工和贸易体系中的地位，就需要在学习和吸收的基础上的培养自主创新能力。FDI既可以带来先进技术刺激内资企业自主创新，也可能由于激烈的竞争关系对内资企业产生挤出效应，由于FDI在中国制造业中主要以加工贸易为主，一些学者提出内资企业要从“干中学”转变为“加工中学”和“开发中学”。所以，在引进FDI时要尽可能优选出具备一定技术基础、能对各地经济发展产生良性互动的外资企业。在利用FDI的清洁绿色环保技术溢出效应的基础上，提高中国企业自主创新能力，助力中国的经济转型。

参考文献

[1]包群，陈媛媛，宋立刚．外商投资与东道国环境污染：存在倒U型曲线关系吗[J]．世界经济，2010(1)：3-17.

[2]白红菊，刘蒂，齐绍洲．FDI不同来源地对我国碳排放影响的实证分析[J]．世界经济研究，2015(7)：108-115.

[3]曹翔，余升国．外资与内资对我国大气污染影响的比较分析——基于工业SO_2排放的经验分析[J]．国际贸易问题，2014(9)：67-76.

[4]曹子阳．基于夜间灯光影像的GDP空间分布模拟研究及其与PM2.5浓度的相关分析[D]．中国科学院大学，2016.

[5]蔡昉，都阳，王美艳．经济发展方式转变与节能减排内在动力[J]．经济研究，2008(6)：4-11.

[6]陈凌佳．FDI环境效应的新检验——基于中国112座重点城市的面板数据研究[J]．世界经济研究，2008(9)：54-59.

[7]陈诗一，陈登科．能源结构、雾霾治理与可持续增长[J]．环境经济研究，2016，1(1)：59-75.

[8]陈凌佳．FDI环境效应的新检验——基于中国112庄重点城市的面板数据研究[J]．世界经济研究，2008(9)：54-59.

[9]陈煜，刘永贵，邓小乐．城市大气污染与健康损失的经济学分析[J]．统计与决策，2019，35(18)：107-110.

[10]代迪尔，李子豪．FDI的碳排放效应——基于中国工业行业数据的研究[J]．国际经贸探索，2011，27(5)：60-67.

[11]丁俊菘，邓宇洋，汪青．中国环境库兹涅茨曲线再检验——基于1998—2016年255个地级市PM2.5数据的实证分析[J]．干旱区资源与环境，

2020，34(8)：1-8.

[12]符淼，黄灼明．我国经济发展阶段和环境污染的库兹涅茨关系[J]．中国工业经济，2008(6)：35-43.

[13]高峰，俞树毅．西部地区环境污染的结构性成因及其影响研究——基于2005—2012年省级面板数据的检验[J]．西藏大学学报(社会科学版)，2014(4)：48-54.

[14]高静，黄繁华．贸易视角下经济增长和环境质量的内在机理研究——基于中国30个省市环境库兹涅茨曲线的面板数据分析[J]．上海财经大学学报(哲学社会科学版)，2011(5)：66-74.

[15]郭红燕，韩立岩．外商直接投资、环境管制与环境污染[J]．国际贸易问题，2008(8)：111-118.

[16]高远东，陈迅．人力资本对经济增长作用的空间计量研究[J]．经济科学，2010(1)：42-51.

[17]龚梦琪，刘海云．中国双向FDI协调发展、产业结构演进与环境污染[J]．国际贸易问题，2020(2)：110-124.

[18]何枫，马栋栋，祝丽云．中国雾霾(PM2.5)污染的环境库兹涅茨曲线研究——基于2001—2012年中国30个省市面板数据的分析[J]．软科学，2016，30(4)：37-40.

[19]胡小娟，赵寒．中国工业行业外商投资结构的环境效应分析——基于工业行业面板数据的实证检验[J]．世界经济研究，2010(7)：55-61.

[20]黄梅．经济增长，FDI与环境污染关系研究：基于2003—2012年省级面板实证分析[J]．资源与产业，2015，17(1)：92-97.

[21]黄天航，赵小渝，陈凯华．技术创新、环境污染和规制政策——转型创新政策的视角[J]．科学学与科学技术管理，2020，41(1)：49-65.

[22]江三良，邵宇浩．产业集聚是否导致"污染天堂"——基于全国239个地级市的数据分析[J]．产经评论，2020，11(4)：109-118.

[23]江心英，赵爽．双重环境规制视角下FDI是否抑制了碳排放——基于动态系统GMM估计和门槛模型的实证研究[J]．国际贸易问题，2019(3)：115-130.

[24]阚海东.《环境空气质量标准》(GB3095—2012)细颗粒物(PM2.5)标准值解读[J]. 中华预防医学杂志，2012，46(5)：396-398.
[25]柯瑞.FDI对环境污染影响的实证分析[J]. 统计与管理，2020，35(7)：4-10.
[26]李娜娜，杨仁发.FDI能否促进中国经济高质量发展[J]. 统计与信息论坛，2019，34(9)：35-43.
[27]刘玉凤，高良谋. 中国省域FDI对环境污染的影响研究[J]. 经济地理，2019，39(5)：47-54.
[28]李婧，谭清美，白俊红. 中国区域创新生产能空间计量分析——基于静态与动态空间面板模型的实证研究[J]. 管理世界，2010(7)：43-55.
[29]李子豪，刘辉煌.FDI的技术效应对碳排放的影响[J]. 中国人口资源与环境，2011，21(12)：27-33.
[30]李铁立. 外商直接投资技术溢出效应差异的实证分析[J]. 财贸经济，2006(4)：13-18.
[31]李锴.FDI对中国工业能源效率的影响研究[D]. 武汉大学，2012.
[32]李锴，齐绍洲. 国际环境技术知识的空间溢出效应研究——基于局域溢出效应和跨区域溢出效应的测度[J]. 研究与发展管理，2018，30(5)：1-14.
[33]李金凯，程立燕，张同斌. 外商直接投资是否具有"污染光环"效应[J]. 中国人口·资源与环境，2017，27(10)：74-83.
[34]李鹏涛. 中国环境库兹涅茨曲线的实证分析[J]. 中国人口·资源与环境，2017，27(S1)：22-24.
[35]林伯强，蒋竺均. 中国 CO_2 的环境库兹涅茨曲线预测及影响因素分析[J]. 管理世界，2009(4)：27-36.
[36]林伯强. 发达国家雾霾治理的经验和启示[M]. 北京：科学出版社，2015.
[37]刘飞宇，赵爱清.FDI对城市环境污染的效应检验——基于我国285个城市面板数据的实证研究[J]. 国际贸易问题，2016，5：12.
[38]刘华军，闫庆悦，孙曰瑶. 碳排放强度降低的品牌经济机制研究——基于企业和消费者微观视角的分析[J]. 财贸经济，2011(2)：110-117.
[39]刘明磊，朱磊，范英. 我国省级碳排放绩效评价及边际减排成本估计：基于

非参数距离函数方法[J]. 中国软科学，2011(3)：106-114.
[40]刘渝琳，温怀德. 经济增长下的FDI、环境污染损失与人力资本[J]. 世界经济研究，2007(11)：48-55.
[41]刘舜佳. 外商直接投资环境效应的空间差异性研究——基于非物化型知识溢出角度[J]. 世界经济研究，2016(1)：121-134，137.
[42]刘渝琳，郑效晨，王鹏. FDI与工业污染排放物的空间面板模型分析[J]. 管理工程学报，2015，29(2)：142-148.
[43]李爽，张宇航. 基于符号回归的雾霾污染与经济发展关系研究[J/OL]. 中国矿业大学学报(社会科学版)：1-13[2020-11-05]. http：//kns. cnki. net/kcms/detail/32. 1593. C. 20200723. 1640. 002. html.
[44]刘媛媛. 开放经济、产业集聚与区域碳减排效应[J]. 国际经济合作，2020(4)：72-80.
[45]马丽梅，张晓. 中国雾霾(PM2. 5)污染的空间效应及经济、能源结构影响[J]. 中国工业经济，2014(4)：19-31.
[46]孟亮，宣国良. 不同来源FDI在华技术溢出效应实证研究[J]. 科研管理，2005，26(5)：115-120.
[47]牛海霞，胡佳雨. FDI与我国碳排放相关性实证研究[J]. 国际贸易问题，2011(5)：100-109.
[48]潘文卿，李子奈，刘强. 中国产业间的技术溢出效应：基于35个工业部门的经验研究[J]. 经济研究，2011，46(7)：18-29.
[49]彭红枫，华雨. 外商直接投资与经济增长对碳排放的影响——来自地区面板数据的实证[J]. 科技进步与对策，2018，35(15)：23-28.
[50]陶长琪，徐志琴. 融入全球价值链有利于实现贸易隐含碳减排吗[J]. 数量经济研究，2019，10(1)：16-31.
[51]唐晓华，孙元君. 环境规制对区域经济增长的影响——基于产业结构合理化及高级化双重视角[J]. 首都经济贸易大学学报，2019，21(3)：72-83.
[52]邵帅，李欣，曹建华，等. 中国雾霾(PM2. 5)污染治理的经济政策选择——基于空间溢出效应的视角[J]. 经济研究，2016(9)：73-88.
[53]孙俊. 中国FDI地点选择的因素分析[J]. 经济学，2002，1(3)：687-698.

[54]沈能．异质行业假定下 FDI 环境效应的非线性特征[J]．上海经济研究，2013(2)：13-21.

[55]沈能，王艳，王群伟．集聚外部性与碳生产率空间趋同研究[J]．中国人口资源与环境，2013，23(12)：40-47.

[56]盛斌，吕越．外国直接投资对中国环境的影响——来自工业行业面板数据的实证研究[J]．中国社会科学，2012(5)：54-75.

[57]苏振东，周玮庆．FDI 对中国出口结构变迁的非对称影响效应[J]．财经科学，2009(4)：117-124.

[58]宋泓，柴瑜．三资企业对我国工业结构效益影响的实证研究[J]．经济研究，1998(1)：32-38.

[59]王班班，齐绍洲．有偏技术进步、要素替代与中国工业能源强度[J]．经济研究，2014，49(2)：115-127.

[60]王道臻，任荣明．外国直接投资、经济规模与碳排放关系研究[J]．经济问题，2011(10)：50-53.

[61]王红，齐建国．PM2.5 高排放与治理的技术经济思考[J]．经济纵横，2013(4)：31-36.

[62]王华，祝树金，赖明勇．技术差距的门槛与 FDI 技术溢出的非线性——理论模型及中国企业的实证研究[J]．数量经济技术经济研究，2012(4)：3-18.

[63]温怀德，刘渝琳．对外贸易、FDI 的经济增长效应与环境污染效应实证研究[J]．当代财经，2008(5)：95-100.

[64]吴玉萍，董锁成，宋键峰．北京市经济增长与环境污染水平计量模型研究[J]．地理研究，2002，21(2)：239-246.

[65]吴静芳．外资对我国地区技术创新影响的差异性分析——基于 1999—2008 年的面板数据[J]．国际贸易问题，2011(10)：60-68.

[66]文泽宙，熊磊．环境规制对城市雾霾污染的空间影响研究——基于中国 262 个城市的经验证据[J/OL]．重庆理工大学学报(自然科学)：1-11[2020-11-05]．http：//kns.cnki.net/kcms/detail/50.1205.T.20200821.0928.002.html.

[67]王向前，夏丹．工业煤炭生产—消费两侧碳排放及影响因素研究——基于 STIRPAT-EKC 的皖豫两省对比[J]．软科学，2020，34(8)：84-89.

[68]王奇，蔡昕妤．环境规制对不同来源地 FDI 区位选择的影响——基于省级面板数据的研究[J]．财经论丛，2017(2)：104-113.

[69]王林辉，江雪萍，杨博．异质性 FDI 技术溢出和技术进步偏向性跨国传递：来自中美的经验证据[J]．华东师范大学学报(哲学社会科学版)，2019，51(2)：136-151，187-188.

[70]夏友富．外商投资中国污染密集产业现状、后果及其对策研究[J]．管理世界，1999(3)：109-123.

[71]向堃，宋德勇．中国省域 PM2.5 污染的空间实证研究[J]．中国人口·资源与环境，2015，25(9)：153-159.

[72]小岛清．对外直接投资论[J]．日本钻石出版社，1977，1(9)：7.

[73]熊立，许可，王珏．FDI 为中国带来低碳了吗——基于中国 1985—2007 年时间序列数据的实证分析[J]．宏观经济研究，2012(5)：68-75.

[74]熊艳．基于省际数据的环境规制与经济增长关系[J]．中国人口资源与环境，2011，21(5)：126-131.

[75]许广月，宋德勇．中国碳排放环境库兹涅茨曲线的实证研究——基于省域面板数据[J]．中国工业经济，2010(5)：37-47.

[76]许和连，邓玉萍．外商直接投资导致了中国的环境污染吗？——基于中国省际面板数据的空间计量研究[J]．管理世界，2012(2)：30-43.

[77]许士春，何正霞．中国经济增长与环境污染关系的实证分析——来自1990—2005 年省级面板数据[J]．经济体制改革，2007(4)：22-26.

[78]肖俊玲，刘兴荣，杨文姣．中国七城市环境空气质量现状及其与经济发展的关系[J]．环境与职业医学，2019，36(6)：533-539.

[79]杨海生，贾佳，周永章，等．贸易、FDI、经济增长与环境污染[J]．中国人口资源与环境，2005，15(3)：99-103.

[80]杨子晖，陈里璇，罗彤．边际减排成本与区域差异性研究[J]．管理科学学报，2019，22(2)：1-21.

[81]杨振，杜昕然．我国利用外资的趋势性变化[J]．国际经济合作，2020(5)：40-50.

[82]于峰，齐建国．开放经济下环境污染的分解分析——基于 1990—2003 年间

我国各省市的面板数据[J]. 统计研究，2007，24(1)：47-53.
[83]俞树毅，高峰，张燕. 经济增长、投资结构与环境效应——基于我国三大经济区的实证研究[J]. 华东经济管理，2013，27(6)：70-77.
[84]叶阿忠，郑航. FDI、经济发展水平对环境污染的非线性效应研究——基于中国省际面板数据的门限空间计量分析[J]. 工业技术经济，2020，39(8)：148-153.
[85]衣保中. 可持续区域开发问题研究[M]. 北京：社会科学文献出版社，2013.
[86]张军，吴桂英，张吉鹏. 中国省际物质资本存量估算：1952—2000 [J]. 经济研究，2004 (10)：35-44.
[87]张中元，赵国庆. FDI 技术溢出效应的决定因素研究[J]. 金融评论，2011，3(4)：93-109，126.
[88]张彦博，郭亚军. FDI 的环境效应与我国引进外资的环境保护政策[J]. 中国人口·资源与环境，2009，19(4)：7-12.
[89]张成，郭炳南，于同申. FDI 国别属性、门槛特征和技术效率外溢[J]. 科研管理，2016，37(9)：78-88.
[90]张翠菊，张宗益. 中国省域碳排放强度的集聚效应和辐射效应研究[J]. 环境科学学报，2017，37(3)：1178-1184.
[91]张华. 环境污染对劳动力就业的影响——来自环保问责制的证据[J]. 财经研究，2019，45(6)：42-56.
[92]张轩瑜，宋晓军，虞吉海. 时空效应下 PM_(2.5)的环境库兹涅茨曲线——基于动态空间面板视角[J]. 环境科学学报，2020，40(1)：315-324.
[93]张玉，赵玉. 经济结构调整对雾霾污染的影响——基于联立空间面板环境库兹涅茨曲线的实证[J]. 生态经济，2020，36(8)：181-184，193.
[94]赵细康. 环境保护与产业国际竞争力：理论与实证分析[M]. 北京：中国社会科学出版社，2003.
[95]郑效晨，刘渝琳. FDI、人均收入与环境效应[J]. 财经科学，2012(5)：79-88.
[96]郑长德，刘帅. 基于空间计量经济学的碳排放与经济增长分析[J]. 中国人口资源与环境，2011，21(5)：80-86.

[97]郑翔中，高越．FDI与中国能源利用效率：政府扮演着怎样的角色[J]．世界经济研究，2019(7)：78-89+135.

[98]钟昌标．外商直接投资地区间溢出效应研究[J]．经济研究，2010，45(1)：80-89.

[99]周力，应瑞瑶．我国FDI技术溢出效应的交易费用解析[J]．经济前沿，2009(2)：41-47.

[100]周璇，孙慧．中国工业废水排放量与经济增长关系的区域分异研究[J]．干旱区资源与环境，2013，27(12)：15-19.

[101]仲云云．中国省际能源消费碳排放的区域差异与时空演变特征[J]．生态经济，2018，34(4)：30-33+39.

[102]钟娟，魏彦杰．产业集聚与开放经济影响污染减排的空间效应分析[J]．中国人口·资源与环境，2019，29(5)：98-107.

[103]周杰琦，韩颖，张莹．外资进入、环境管制与中国碳排放效率：理论与经验证据[J]．中国地质大学学报(社会科学版)，2016，16(2)：50-62.

[104]Abdulai A，Ramcke L. The impact of trade and economic growth on the environment：revisiting the cross-country evidence [R]. Kiel working paper，2009.

[105]Acharyya J. FDI，growth and the environment：evidence from India on CO_2 emission during the last two decades[J]. Journal of Economic Development，2009，34(1)：43-58.

[106]Ahmed K. Environmental Kuznets Curve and Pakistan：An Empirical Analysis [J]. Procedia Economics & Finance，2012，1(12)：4-13.

[107]Albornoz F，Cole M A，Elliott R J R，et al. In search of environmental spillovers[J]. The World Economy，2009，32(1)：136-163.

[108]Alkhathlan K，Javid M. Energy consumption，carbon emissions and economic growth in Saudi Arabia：an aggregate and disaggregate analysis[J]. Energy Policy，2013，62：1525-1532.

[109]Anderson K，Blackhurst R. The greening of world trade issues[M]. New York：Harvester Wheatsheaf，1992.

[110] Anselin L, Bera A K. Spatial dependence in linear regression models with an introduction to spatial econometrics[J]. Statistics Textbooks and Monographs, 1998, 155: 237-290.

[111] Anwar S, Nguyen L P. Foreign direct investment and export spillovers: Evidence from Vietnam[J]. International Business Review, 2011, 20(2): 177-193.

[112] Arouri M E H, Youssef A B, M'Henni H, et al. Energy consumption, economic growth and CO_2, emissions in Middle East and North African countries [J]. Energy Policy, 2012, 45(6): 342-349.

[113] Auffhammer M, Carson R T. Forecasting the path of China's CO_2 emissions using province-level information [J]. Journal of Environmental Economics and Management, 2008, 55(3): 229-247.

[114] Adejumo Oluwabunmi Opeyemi. Environmental quality vs economic growth in a developing economy: complements or conflicts. [J]. Environmental science and pollution research international, 2020, 27(6).

[115] B Frankel, A K Rose. Is trade good or bad for the environment? Sorting out the causality [J]. Review of economics & statistics, 2010, 87(1): 85-91.

[116] Baumol W J, Oates W E, Bawa V S, et al. The theory of environmental policy [M]. Cambridge University Press, 1988: 127-128.

[117] Blackman A, Wu X. Foreign Direct Investment in China's Power Sector: Trends, Benefits and Barriers [R]. Discussion Paper 98-50, Washington, DC, Resources for the Future, 1998.

[118] Blackman A, Wu X. Foreign direct investment in China's power sector: trends, benefitsand barriers[J]. Energy policy, 1999, 27(12): 695-711.

[119] Boopen S, Vinesh S. On the Relationship between CO_2 Emissions and Economic Growth: The Mauritian Experience[C]. Research Gate, 2011.

[120] Borensztein E, De Gregorio J, Lee J W. How does foreign direct investment affect economic growth[J]. Journal of international Economics, 1998, 45(1): 115-135.

[121] Borhan H, Ahmed E M, Hitam M. The impact of CO_2 on economic growth in

ASEAN 8[J]. Procedia-Social and Behavioral Sciences, 2012, 35: 389-397.

[122] Borregaard N, Dufey A. Environmental effects of foreign investment versus domestic investment in the mining sector in Latin America[C]. Conference on Foreign Direct Investment and the Environment: Lessons to be Learned from the Mining Sector, OECD Global Forum on International Investment, Paris. 2002: 7-8.

[123] Boulding K E. Beyond Economics Essays on Society, Religion, and Ethics[J]. Recherches Economiques De Louvain, 1970, 12: 1968.

[124] Brainard S L. An empirical assessment of the proximity-concentration tradeoff between multinational sales and trade[R]. New York: National Bureau of Economic Research, 1993.

[125] Cheng L K, Kwan Y K. What are the determinants of the location of foreign direct investment? The Chinese experience[J]. Journal of international economics, 2000, 51(2): 379-400.

[126] Christmann P, Taylor G. Globalization and the environment: Determinants of firm self-regulation in China[J]. Journal of international business studies, 2001, 32(3): 439-458.

[127] Chudnovsky D, Lopez A. Globalization and developing countries: Foreign direct investment and growth and sustainable human development[M]. UN, 1999.

[128] Coase R H. The problem of social cost[J]. Journal of law and economics, 1960, 3(1).

[129] Cole M A, Fredriksson P G. Institutionalized pollution havens[J]. Ecological Economics, 2009, 68(4): 1239-1256.

[130] Cole M A. Trade, the pollution haven hypothesis and the environmental Kuznets curve: examining the linkages[J]. Ecological economics, 2004, 48(1): 71-81.

[131] Copeland B R, Taylor M S. North-South trade and the environment[J]. Thequarterly journal of Economics, 1994, 109(3): 755-787.

[132] Coughlin C C, Terza J V, Arromdee V. State characteristics and the location of

foreign direct investment within the United States[J]. The Review of economics and Statistics, 1991, 11: 675-683.

[133]Crocker T D. The structuring of atmospheric pollution control systems[J]. The economics of air pollution, 1966, 29(2): 61-86.

[134] Criscuolo P. Reverse technology transfer: A patent citation analysis of the European chemical and pharmaceutical sectors [J]. Spru Working Paper, 2003, 27.

[135]Canh Phuc Nguyen, Christophe Schinckus, Thanh Dinh Su. Economic integration and CO_2 emissions: evidence from emerging economies[J]. Climate and Development, 2020, 12(4).

[136]D Acemoglu, G Gancia., F Zilibotti. Offshoring and directed technical change [J]. American Economic Journal, Macroeconomics, 2015, 7(3): 84-122.

[137]D Erik, M Kakali. An empirical examination of the pollution haven hypothesis for India: towards a Green Leontief Paradox [J]. Environmental & resource economics, 2007(4): 427-449.

[138]Dales J H. Land, water, and ownership [J]. The Canadian Journal of Economics/Revue canadienne d'Economique, 1968, 1(4): 791-804.

[139] Dietzenbacher E, Mukhopadhyay K. Anempirical examination of the pollution haven hypothesis for India: Towards a green leontief paradox[J]. Environmental and Resource Economics, 2007, 36(4): 427-449.

[140]Douglas E M, Vogel R M, Kroll C N. Trends in floods and low flows in the United States: impact of spatial correlation[J]. Journal of hydrology, 2000, 240(1): 90-105.

[141] Du B, Li Z, Yuan J. Visibility has more to say about the pollution-income link[J]. Ecological Economics, 2014, 101: 81-89.

[142]Dunning J H. Toward an eclectic theory of international production: Some empirical tests[J]. Journal of international business studies, 1980, 11(1): 9-31.

[143] Elhorst J P. Dynamic spatial panels: models, methods, and inferences[J].

Journal of geographical systems, 2012, 14(1): 5-28.
[144]Eskeland G S, Harrison A E. Moving to greener pastures? Multinationals and the pollution haven hypothesis[J]. Journal of development economics, 2003, 70(1): 1-23.
[145]Esty D, Pangestu M, Soesastro H. Globalization and The Environment in Asia[C]. Conference The Outlook for Environmentally Sound Development Policies, United-States-Asia Environmental Partnership, Manila, August. 1999.
[146]Esty D C, Dua A. Sustaining the Asia Pacific Miracle: environmental protection and economic integration[M]. Peterson Institute Press: All Books, 1997.
[147]Fisher-Vanden K, Jefferson G H, Jingkui M, et al. Technology development and energy productivity in China[J]. Energy Economics, 2006, 28(5): 690-705.
[148]Fodha M, Zaghdoud O. Economic growth and pollutant emissions in Tunisia: an empirical analysis of the environmental Kuznets curve[J]. Energy Policy, 2010, 38(2): 1150-1156.
[149]Forrester J W. World dynamics [M]. Cambridge Mass: Wright-Allen Press, 1971.
[150]Frankel J A, Rose A K. Is trade good or bad for the environment? Sorting out the causality[J]. Review of economics and statistics, 2005, 87(1): 85-91.
[151]Fisher-Vanden K, Jefferson G H, Jingkui M, et al. Technology development and energy productivity in China[J]. Energy Economics, 2006, 28(5): 690-705.
[152]G L Chew. Outward foreign direct investment and economic growth: evidence from Japan [J]. Global Economic Review, 2010(39): 317-326.
[153]G M Grossman, A B Krueger. Economic growth and the environment [R]. New York: National Bureau of Economic Research, 1994, 110(2): 353-377.
[154]Galeotti M, Lanza A. Richer and cleaner? A study on carbon dioxide emissions in developing countries [J]. Energy Policy, 1999, 27(10): 565-573.
[155]Girma S, Gong Y. FDI, linkages and the efficiency of state-owned enterprises in

China[J]. The Journal of Development Studies, 2008, 44(5): 728-749.

[156] Girma S, Wakelin K. Regional Underdevelopment: Is FDI the Solution? A Semiparametric Analysis [J]. Cepr Discussion Papers, 2001, 100(3): 425-425(1).

[157] Griffiths D, Sapsford D. Foreign direct investment in Mexico[M]. New Horizons in International Business. Cheltenham, UK and Northampton, MA: Elgar, 2004: 103-127.

[158] Govindaraju V G R C, Tang C F. The dynamic links between CO_2, emissions, economic growth and coal consumption in China and India[J]. Applied Energy, 2013, 104(2): 310-318.

[159] Gray K R. Foreigndirect investment and environmental impacts-Is the debate Over [J]. Review of European, Comparative & International Environmental Law, 2002, 11(3): 306-313.

[160] Grey K, Brank D. Environmentalissues in policy-based competition for investment: A literature review[R]. ENV/EPOC/GSP, 2002.

[161] Grossman G M, Krueger A B. Economic Growth and the Environment [M]. Kluwer Academic Publishers, 1995: 353-377.

[162] Guoming X, Cheng Z, Yangui Z, et al. The interface between foreign direct investment and the environment: the case of China [J]. Report as part of the UNCTAD/DICM project, cross border environmental management in transnational economies, occasional paper, 1999, 3.

[163] Halicioglu F. An econometric studyof CO_2 emissions, energy consumption, income and foreign trade in Turkey [J]. Energy Policy, 2009, 37(3): 1156-1164.

[164] Hansen B E. Threshold effects in non-dynamic panels: Estimation, testing, and inference[J]. Journal of econometrics, 1999, 93(2): 345-368.

[165] He J. Pollution haven hypothesis and environmental impacts of foreign direct investment: the case of industrial emission of sulfur dioxide (SO_2) in Chinese provinces[J]. Ecological economics, 2006, 60(1): 228-245.

[166] Hoffmann R, Lee C G, Ramasamy B, et al. FDI and pollution: a granger causality test using panel data[J]. Journal of international development, 2005, 17(3): 311-317.

[167] Holtz-Eakin D, Selden T M. Stoking the fires? CO_2 emissions and economic growth[J]. Journal of public economics, 1995, 57(1): 85-101.

[168] J He. Pollution haven hypothesis and environmental impacts of foreign direct investment: The case of industrial emission of sulfur dioxide (SO_2) in Chinese provinces [J]. Ecological economics, 2006, 60(1): 228-245.

[169] J P Elhorst. Dynamic spatial panels: models, methods, and inferences [J]. Journal of geographical systems, 2012, 14(1): 5-28.

[170] Jaunky V C. Is there a material Kuznets curve for aluminium? evidence from richcountries[J]. Resources Policy, 2012, 37(3): 296-307.

[171] Kari F, Saddam A. Growth, FDI, imports, and their impact on carbon dioxide emissions in GCC countries: an empirical study[J]. Mediterr. J. Soc. Sci, 2012, 3: 25-31.

[172] Kasman A, Duman Y S. CO_2 emissions, economic growth, energy consumption, trade and urbanization in new EU member and candidate countries: A panel data analysis[J]. Economic Modelling, 2015, 44(44): 97-103.

[173] Kaufmann R K, Davidsdottir B, Garnham S, et al. The determinants of atmospheric SO_2, concentrations: reconsidering the environmental Kuznets curve[J]. Ecological Economics, 1998, 25(2): 209-220.

[174] Khalil S, Inam Z. Is trade good for environment? A unit root cointegration analysis[J]. The Pakistan Development Review, 2006, 45(4): 1187-1196.

[175] Kivyiro P, Arminen H. Carbon dioxide emissions, energy consumption, economic growth, and foreign direct investment: Causality analysis for Sub-Saharan Africa[J]. Energy, 2014, 74: 595-606.

[176] Kinoshita Y. R&D and technology spillovers via FDI: Innovation and absorptive capacity[R]. CEPR Discussion Paper, 2001.

[177] Kuznets S. Economic growth and income inequality[J]. The American economic

review, 1955, 1: 1-28.

[178]Krugman P. Increasing returns and economic geography[J]. Journal of political economy, 1991, 99(3): 483-499.

[179]L Anselin, A K Bera. Spatial dependence in linear regression models with an introduction to spatial econometrics [J]. Statistics Textbooks and Monographs, 1998(5): 237-290.

[180]Lan J, Kakinaka M, Huang X. Foreign direct investment, human capital and environmental pollution in China[J]. Environmental and Resource Economics, 2012, 51(2): 255-275.

[181]Lau L S, Choong C K, Eng Y K. Investigation of the environmental Kuznets curve for carbon emissions in Malaysia: Do foreign direct investment and trade matter[J]. Energy Policy, 2014, 68(5): 490-497.

[182]Lewis S L, Lopez-Gonzalez G, Sonké B, et al. Increasing carbon storage in intact African tropical forests[J]. Nature, 2009, 457(7232): 1003-1006.

[183]List J A, Gallet C A. The environmental Kuznets curve: does one size fitall[J]. Ecological Economics, 1999, 31(3): 409-423.

[184]Low P, Yeats A. Do "dirty" industries migrate[R]. World Bank Discussion Papers[WORLD BANK DISCUSSION PAPER.]. 1992.

[185]Lovely M, Popp D. Trade, technology, and the environment: Does access to technology promote environmental regulation [J]. Journal of Environmental Economics and Management, 2011, 61(1): 16-35.

[186]Markusen J R, Venables A J. Foreign direct investment as a catalyst for industrial development [J]. European economic review, 1999, 43 (2): 335-356.

[187]Meadows D H, Meadows D H, Randers J, et al. The limits to growth: a report to the club of Rome[M]. New York: Universe Books, 1972.

[188]Mill J S. Principles of political economy with some of their applications to social philosophy[M]. JW Parker, 1848.

[189]Nasir M, Rehman F U. Environmental Kuznets Curve for carbon emissions in

Pakistan: An empirical investigation [J]. Energy Policy, 2011, 39(3): 1857-1864.

[190] Ong S M, Sek S K. Interactions between economic growth and environmental quality: panel and non-panel analyses [J]. Applied Mathematical Sciences, 2013, 7(14): 687-700.

[191] Panayotou T. Empirical tests and policy analysis of environmental degradation at different stages of economic development[J]. Ilo Working Papers, 1993, 4.

[192] Pao H T, Tsai C M. Multivariate Granger causality between CO_2 emissions, energy consumption, FDI (foreign direct investment) and GDP (gross domestic product): evidence from a panel of BRIC (Brazil, Russian Federation, India, and China) countries[J]. Energy, 2011, 36(1): 685-693.

[193] Perkins R, Neumayer E. Fostering environment efficiency through transnational linkages? Trajectories of CO_2 and SO_2, 1980-2000 [J]. Environment and Planning A, 2008, 40(12): 2970-2989.

[194] Pigou A C. Unrequited imports[J]. The Economic Journal, 1950, 60(238): 241-254.

[195] Porter M. Competitive advantage of nations[J]. Competitive Intelligence Review, 2010, 1(1): 14-14.

[196] Poumanyvong P, Kaneko S. Does urbanization lead to less energy use and lower CO_2, emissions? A cross-country analysis [J]. Ecological Economics, 2010, 70(2): 434-444.

[197] Rothman D S, Bruyn S D. Probing into the environmental Kuznets curve hypothesis - Introduction[J]. Ecological Economics, 1998, 25(2): 143-145.

[198] Ritu Rana, Manoj Sharma. Dynamic Causality Among FDI, Economic Growth and CO_2 Emissions in India With Open Markets and Technology Gap [J]. International Journal of Asian Business and Information Management (IJABIM), 2020, 11(3).

[199] S Khaili, Z Inam. Is trade good for environment? A unit root cointegration analysis [J]. Pakistan development review, 2006, 45(4): 1187-1196.

[200]Saboori B, Soleymani A. Environmental Kuznets curve in Indonesia, the role of energy consumption and foreign trade[J]. Mpra Paper, 2011, 1(14).

[201]Selden T M, Song D. Environmental quality and development: Is there a Kuznets curve for air pollution emissions [J]. Journal of Environmental Economics and management, 1994, 27(2): 147-162.

[202]Shafik N, Bandyopadhyay S. Economic growth and environmental quality: Time series and cross-country evidence[R]. World Bank Policy Research Working Paper, 1992.

[203]Shafik N. Economic development and environmental quality: An econometric analysis[J]. Oxford Economic Papers, 1994, 46(Supplement Oct.): 757-73.

[204]Shahbaz M, Mutascu M, Azim P. Environmental Kuznets curve in Romania and the role of energy consumption[J]. Mpra Paper, 2011, 18(2): 165-173.

[205]Stern D I, Common M S. Isthere an environmental Kuznets curve for sulfur[J]. Journal of Environmental Economics & Management, 1998, 41(2): 162-178.

[206]Solomon S. IPCC (2007): Climate Change The Physical Science Basis[J]. American Geophysical Union, 2007, 9(1): 123-124.

[207]Tan Z A. Product cycle theory and telecommunications industry—foreign direct investment, government policy, and indigenous manufacturing in China[J]. Telecommunications Policy, 2002, 26(1-2): 17-30.

[208]Tao S, Zheng T, Lianjun T. An empirical test of the environmental Kuznets curve in China: A panel cointegration approach[J]. China Economic Review, 2008, 19(3): 381-392.

[209]The greening of world trade issues[M]. London: Harvester Wheatsheaf, 1992.

[210]Van D A, Martin R V, Brauer M, et al. Use ofsatellite observations for long-term exposure assessment of global concentrations of fine particulate matter[J]. Environmental Health Perspectives, 2015, 123(2): 135-143.

[211]Van der Ryn S, Cowan S. Ecological design [M]. Washington: Island Press, 2013.

[212]Vernon R. International investment and international trade in the product

cycle[J]. The quarterly journal of economics, 1966, 80: 190-207.

[213] W Antweiler. Nested random effects estimation in unbalanced panel data [J]. Journal of Econometrics, 2001, 101(2): 295-313.

[214] Walter I, Ugelow J L. Environmental policies in developing countries [pollution, Brazil, Haiti, Kenya][J]. Ambio, 1979, 8(2-3).

[215] Wang H, Jin Y. Industrial ownership and environmental performance: evidence from China [J]. Environmental and Resource Economics, 2007, 36(3): 255-273.

[216] Wang L, Chen X. Technology convergence of electronic industry under FDI environment in China[J]. 2007, 10: 5831-5834.

[217] Wheeler D. Racing to the bottom? Foreign investment and air pollution in developing countries[J]. The Journal of Environment & Development, 2001, 10(3): 225-245.

[218] Wei Y, Liu X, Parker D, et al. The regional distribution of foreign direct investment in China[J]. Regional studies, 1999, 33(9): 857-867.

[219] Woo W T, Song L. China's dilemma: economic growth, the environment and climate change[M]. ANU Press, 2013.

[220] Xing Y, Kolstad C D. Dolax environmental regulations attract foreign investment[J]. Environmental and Resource Economics, 2002, 21(1): 1-22.

[221] Yuqing Ge, Yucai Hu, Shenggang Ren. Environmental Regulation and Foreign Direct Investment: Evidence from China's Eleventh and Twelfth Five-Year Plans[J]. Sustainability, 2020, 12(6).

[222] Zarsky L. Havens, halos and spaghetti: untangling the evidence about foreign direct investment and the environment[J]. Foreign direct Investment and the Environment, 1999, 13(8): 47-74.